产品创新设计与数字化制造技术技能人才培训系列教材

多轴加工技术

人力资源和社会保障部教育培训中心
机 械 工 业 教 育 发 展 中 心　组编

主　编　程豪华　陈学翔
副主编　杨伟明　禤炜华　曹彦生
参　编　谷和山　黄志楷　朱建民　罗一鸣
　　　　陆宝钊　杨仕林　江　伟
主　审　宫　虎　丁　宾

机 械 工 业 出 版 社

从航空航天超级工程到医疗器械等精密制造相关领域，都需要使用到先进的多轴加工技术。目前，多轴加工技术中最具代表性的是五轴数控加工技术。五轴数控加工技术代表精密制造技术的精要，对先进制造技术、智能制造技术的发展起到重要支撑作用。

本书共八个学习项目，项目一和项目二主要介绍五轴数控系统及编程基础，项目三至项目八则结合全国数控技能大赛实操试题，以六个零件及其装配体为载体详细介绍了典型零件的五轴数控加工编程与工艺方案，项目实施包含零件加工工艺制订、加工刀具路径编制、加工 NC 程序生成和VERICUT 数控仿真四个部分。本书内容是编者多年来对精密数控加工工作经验的技术总结，是梳理多轴加工技术相关知识和操作技能的宝贵资料。

为便于读者学习，本书提供项目实例的操作步骤视频资料，扫描书中二维码即可观看，同时，还提供范例过程文件、操作结果文件及相关练习题文件作为配套资源。本书可作为高等职业院校、中等职业学校、技工院校相关专业的教材，也可作为行业、企业相关工程技术人员的参考用书。

本书配有二维码视频资料及相关配套资源，使用本书作为教材的教师可登录机械工业出版社教育服务网（http://www.cmpedu.com），注册后免费下载。咨询电话：010-88379375。

图书在版编目（CIP）数据

多轴加工技术/程豪华，陈学翔主编. —北京：机械工业出版社，2019.7（2024.1重印）

产品创新设计与数字化制造技术技能人才培训系列教材

ISBN 978-7-111-61940-6

Ⅰ.①多…　Ⅱ.①程…②陈…　Ⅲ.①数控机床-加工-高等职业教育-教材　Ⅳ.①TG659

中国版本图书馆 CIP 数据核字（2019）第 024995 号

机械工业出版社（北京市百万庄大街 22 号　邮政编码 100037）
策划编辑：王　丹　责任编辑：王　丹　王海峰
责任校对：郑　婕　封面设计：鞠　杨
责任印制：单爱军
北京虎彩文化传播有限公司印刷
2024 年 1 月第 1 版第 6 次印刷
184mm×260mm · 16.5 印张 · 460 千字
标准书号：ISBN 978-7-111-61940-6
定价：49.00 元

电话服务　　　　　　　　　网络服务
客服电话：010-88361066　　机 工 官 网：www.cmpbook.com
　　　　　010-88379833　　机 工 官 博：weibo.com/cmp1952
　　　　　010-68326294　　金 书 网：www.golden-book.com
封底无防伪标均为盗版　机工教育服务网：www.cmpedu.com

产品创新设计与数字化制造技术技能人才培训系列教材 编写委员会

序

　　产品创新设计与数字化制造技术技能人才培训，是在人力资源和社会保障部教育培训中心、机械工业教育发展中心和全国机械职业教育教学指导委员会的共同指导下开发的高端培训项目，是贯彻落实《国务院关于加快发展现代职业教育的决定》《现代职业教育体系建设规划（2014-2020 年）》《高等职业教育创新发展行动计划（2015-2018 年）》《机械工业"十三五"发展纲要》和《技工教育"十三五"规划》有关精神，加快培养《中国制造2025》和"大众创业、万众创新"所需的创新型技术技能人才的重要举措，也是应对中国制造向"服务型制造"转型升级所需人才培训的一种尝试。

　　"产品创新设计与数字化制造"高端培训项目综合运用多种专业软件，进行产品数字化设计，建立产品数字信息模型；根据加工要求，协同运用增材制造和减材制造，完成产品的零部件加工并进行精度检测；按照装配工艺，完成零部件的协同装配和调试，并进行产品的功能验证与客户体验。从技术角度看，"产品创新设计与数字化制造"高端培训项目从"设计、加工"到"装调、验证"，从"传统单一的加工制造"到"数字化设计制造"，应用了多项数字化专业技术，涵盖了产品开发的全过程。从培训角度看，"产品创新设计与数字化制造"高端培训项目立足产业前沿技术，对接岗位需求，将企业多个传统工作岗位有机结合起来，改变了培训模式，实现了师生"DIY协同创课"和"工学一体"的结合，开发出了一个贯穿产品全生命周期的人才培训培养模式。

　　"产品创新设计与数字化制造"高端培训项目主要面向机械制造类企业和未来3D技术、数字信息技术衍生的新兴产业；针对正在从事或准备从事产品三维数字化设计，三维数据采集与处理，快速成型（3D打印），多轴数控机床编程、仿真与操作，精密检测和产品装配调试等工作岗位的技术人员及本科院校、高等职业院校、中等职业学校、技工学校的在校师生，专门开展岗位职业能力培训；旨在培训培养具备数字化创新设计、逆向工程技术、3D打印技术、多轴加工技术、精密检测技术和产品装配调试技术等综合技术能力的"创新型、复合型"技术技能人才。

　　"产品创新设计与数字化制造"高端培训项目按照"开发培训资源——开展师资培训——建立培训基地——组织创新大赛——培养创新人才"的建设路径，逐步推进培训项目的建设工作，目前已开发完成了"产品创新设计与数字化制造"培训技术标准、培训基地建设标准、培训方案、培训大纲和规划教材，开设了"产品数字化设计与3D打印""产品数字化设计与多轴加工"和"产品数字化设计与装配调试"三个高端培训模块，编写了《产品数字化设计》《逆向工程技术》《3D打印技术》《多轴加工技术》《精密检测技术》和《产品装配调试技术》6本培训配套规划教材，开设了全国高级师资培训班并颁发了配套培训证书。

　　培训资源的开发，得到了人力资源和社会保障部教育培训中心、机械工业教育发展中心和全国机械职业教育教学指导委员会的全程指导，得到了天津安卡尔精密机械科技有限公司、南京宝岩自动化有限公司、北京数码大方科技股份有限公司、北京新吉泰软件有限公司、北京三维博特科技有限公司、海克斯康测量技术（青岛）有限公司、北京达尔康集成系统有限公司、北京习和科技有限公司和珠海天威飞马打印耗材有限公司等企业的大力支持，以及北京航空航天大学、天津大学、北京工业职业技术学院、北京电子科技职业学院、南京工业职业技术学院、北京市工贸技师学院、广州市机电技师学院、北京金隅科技学校、安丘市职业中等专业学校、承德高新技术学院和机械工业出版社等单位的积极配合。本项目系列教材是院校专家团队和行业企业专家团队共同合作的成果，在此对编者和相关人员一并表示衷心的感谢。相信本项目规划教材的出版，必将为我国产品创新设计与数字化制造技术技能人才的培养做出贡献。

本项目系列教材适用于机械制造类企业和未来3D技术、数字信息技术衍生的新兴产业开展相关岗位专业技术人员培训，适用于本科院校、高等职业院校、中等职业学校和技工学校在校师生开展相关岗位职业能力培训，也适用于开设有机电类专业的各类学校开展相关专业学历教育的教学，并可供其他相关专业师生及工程技术人员参考。

限于篇幅与编者水平有限，书中不妥之处在所难免，恳请广大读者提出宝贵修改意见。

编写委员会

CONTENTS

前言

在"中国制造"转向"中国智造"的大背景下，作为国之经济重器的机械制造产业，迎来多重变革。以制造业为代表的实体经济在我国经济结构中占据重要位置。在生产技术转型过程中，企业的生产制造形式也逐步由传统的分散工序加工向密集的多工序一体化加工转化。特别是在全球"互联网+"、智能制造、共享经济蓬勃发展的趋势下，以多轴数控技术为代表的先进制造技术显得尤为重要。诸如航空、航天、航海等国家超级工程领域，以及关乎国民健康安危的医疗器械领域，乃至较为普遍的工程机械、日用模具领域都离不开多轴加工技术。近年来，多轴加工技术在珠三角、长三角等地区优先发展起来，促进了企业技术改革与创新，带来了良好的经济效益。

然而目前的现状是，职业院校和相关培训机构，都缺少较完整的实用性多轴加工技术教学及培训教材。本书正是结合多轴加工实际生产技术学习的需要，以及多轴技术技能人才教学、培训的需要，根据企业典型生产岗位的工作流程编写而成。编者综合考虑国际经济环境的新形势、国际技术标准和新型技术发展趋势，立足于提升多轴加工技术技能人才的质量，融入了国内企业典型生产案例，精心组织编写内容。

本书的编写参考了企业生产岗位中的常用技术，结合往届全国数控技能大赛的实操试题制定出项目案例，综合采用了具有代表性、能体现五轴数控加工特点的实例和素材。作者结合数控加工工作与教学经验，使本书内容重点突出了零件分析、工件装夹、程序编制、软件操作等环节技术的实用性。章节编排循序渐进，降低了初学者学习五轴数控加工技术的难度。此外，本书内容的安排基于工作过程系统化原则，按照人的职业成长规律，对五轴数控技术知识和技能重新进行了建构，设计了理论实践一体化的学习情境。读者参照书中步骤就能完成实例的编程和操作。通过引领读者完成一个个代表性工作任务，经历完整的工作过程，促进其综合职业能力的发展，使五轴加工技术的初学者迅速成长为技术骨干。

本书共八个学习项目，项目一和项目二讲解了五轴数控系统及编程基础，项目三至项目八以圆柱凸轮、无人机螺旋桨连接零件、主航体零件、转动翼零件、左半球体零件及左、右半球装配体零件为实例，详细介绍其加工编程与工艺方案，项目实施包含零件加工工艺制订、加工刀具路径编制、加工 NC 程序生成和 VERICUT 数控仿真四个部分。每个项目除介绍实例操作的详细步骤外，还配备了项目考核卡和实操练习题，以方便读者练习和及时检验学习成果。

为便于读者学习，本书以二维码的形式提供了项目实例操作视频，扫描即可观看。同时，将实例操作视频文件、范例过程文件、操作结果文件及相关练习题文件组成配套素材资源包提供给授课教师，以方便教学。

感谢编写团队每一位成员的辛勤努力和付出，舍弃假期和周末的休息时间投入到本书的调研、设计、编写和论证之中，将近 10 年专业实践经验提炼成教学知识和技能。同时，由衷地感谢全国数控技能大赛组委会、赛题作者为本书提供的参照实例。本书的编写还得到了人力资源和社会保障部教育培训中心、机械工业教育发展中心、全国机械职业教育教学指导委员会的全程指导，以及广州市机电技师学院领导和老师的大力支持。韶关市技师学院国家级技能大师工作室陈洁训老师等也对本书的编写给予了悉心指导。在此一并表示衷心的感谢！最后要感谢刘秀芝、陈东遥、程美才、丘桂芳等家人们的大力支持，有了他们的"后勤"保障，才使得编写团队有时间和精力专心完成书稿编写工作。

　　由于编者水平和经验有限，书中难免有疏漏或错误之处，恳请广大读者批评指正。

编　者

CONTENTS

目录

序
前言
项目一　认识多轴加工 …………………… 1
　任务一　认识多轴机床与五轴加工 ……… 1
　　任务描述 …………………………………… 1
　　相关知识 …………………………………… 1
　任务二　认识海德汉系统五轴加工中心 … 4
　　任务描述 …………………………………… 4
　　相关知识 …………………………………… 4
　　项目考核 ………………………………… 15
　　练习题 …………………………………… 15
项目二　海德汉五轴数控编程实践 ……… 16
　任务一　认识五轴数控编程方式 ………… 16
　　任务描述 ………………………………… 16
　　相关知识 ………………………………… 16
　任务二　孔位加工常用循环代码编程 …… 21
　　任务描述 ………………………………… 21
　　相关知识 ………………………………… 21
　任务三　面铣削加工循环代码编程 ……… 33
　　任务描述 ………………………………… 33
　　相关知识 ………………………………… 33
　任务四　回转面与定位加工编程 ………… 36
　　任务描述 ………………………………… 36
　　相关知识 ………………………………… 36
　任务五　综合应用案例分析 ……………… 39
　　任务描述 ………………………………… 39
　　相关知识 ………………………………… 39
　　项目考核 ………………………………… 50
　　练习题 …………………………………… 50
项目三　圆柱凸轮零件的加工 …………… 51
　项目描述 …………………………………… 51
　相关知识 …………………………………… 52
　项目实施 …………………………………… 52
　项目考核 …………………………………… 67

练习题 ……………………………………… 67
项目四　无人机螺旋桨连接零件的
　　　　加工 ………………………………… 68
　项目描述 …………………………………… 68
　相关知识 …………………………………… 69
　项目实施 …………………………………… 69
　项目考核 …………………………………… 99
　练习题 …………………………………… 100
项目五　主航体零件的加工 …………… 101
　项目描述 ………………………………… 101
　相关知识 ………………………………… 102
　项目实施 ………………………………… 102
　项目考核 ………………………………… 147
　练习题 …………………………………… 147
项目六　转动翼零件的加工 …………… 148
　项目描述 ………………………………… 148
　相关知识 ………………………………… 149
　项目实施 ………………………………… 149
　项目考核 ………………………………… 169
　练习题 …………………………………… 169
项目七　左半球体零件的加工 ………… 170
　项目描述 ………………………………… 170
　相关知识 ………………………………… 171
　项目实施 ………………………………… 171
　项目考核 ………………………………… 206
　练习题 …………………………………… 206
项目八　左、右半球装配体零件的
　　　　加工 ……………………………… 207
　项目描述 ………………………………… 207
　相关知识 ………………………………… 209
　项目实施 ………………………………… 209
　项目考核 ………………………………… 253
　练习题 …………………………………… 253
参考文献 ……………………………………… 254

项目一 认识多轴加工

学习多轴加工技术，首先需要对多轴加工设备进行认知性学习，了解多轴机床的概念、常见五轴机床的结构及多轴机床应用领域；其后学习多轴机床的基本操作，掌握多轴加工刀具管理知识等，从而对多轴加工技术有较全面的认识。

任务一 认识多轴机床与五轴加工

任务描述

通过对多轴机床的概念、特点与应用的学习，了解多轴加工的相关知识、技术发展与应用，掌握常见五轴数控加工机床的结构及其应用范围。

相关知识

一、多轴机床与五轴加工概述

多轴机床通常是指具备四轴或四轴以上联动加工功能的数控机床。相对三轴加工而言，多轴加工技术在满足装夹条件的前提下可实现零件在空间任意角度的加工，减少工件安装次数与夹具制作。五轴联动加工，则是多轴加工中的典型核心技术，最具有技术代表性。五轴高速加工技术在模具制造中可直接完成复杂零件所需的加工工艺，而不需要另外增加电火花加工工艺。五轴加工技术广泛应用于航空航天、船舶、大型模具制造等领域，是复杂零件型面精密制造的重要解决途径之一。

图 1-1 JK300 五轴机床

（一）多轴机床的定义

四轴机床在三轴机床坐标轴（X，Y，Z）的基础上增加了一个旋转轴（A、B 或 C）；五轴机床是指一台机床有五个坐标轴（三个直线坐标轴和两个旋转坐标轴），而且各轴可在计算机数控（CNC）系统的控制下同时运动，完成复杂零部件的精密制造。JK300 五轴机床如图 1-1 所示。

（二）五轴坐标系的定义

按照目前国际上通用的右手笛卡儿坐标系定义方法，除三个直线坐标轴外，将绕 X 轴旋转的旋转轴定义为 A 轴；绕 Y 轴旋转的旋转轴定义为 B 轴；绕 Z 轴旋转的旋转轴定义为 C 轴，如图 1-2 所示。

（三）常见五轴加工机床的结构

五轴加工机床中的两个旋转轴的常用结构主要有双转台结构、摆头和转台结构、双摆头结构。

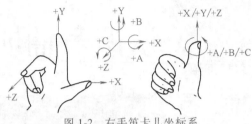

图 1-2 右手笛卡儿坐标系

1. 双转台结构

如图 1-3 所示，安装在床身上的工作台可以环绕 X（Y）轴回转，定义为 A（B）轴，一般 A 轴工作范围为 30°~120°。工作台中间还设有一个回转台，可环绕 Z 轴回转，定义为 C 轴，一般 C 轴可以 360°连续回转。通过 A 轴与 C 轴的组合，固定在工作台上的工件除了底面之外，其余的五个面也都可以由立式主轴进行加工。A 轴和 C 轴最小分度值一般为 0.001°，这样又可以把工件设成任意角度，加工出倾斜面、倾斜孔等。A 轴、C 轴如与 X、Y、Z 三条直线轴实现联动，就可以加工出复杂的空间曲面，这需要高档数控系统、伺服系统以及软件的支持。一般工作台不宜太大，承重也较小，特别是当 A 轴回转大于等于 90°时，切削工件时会使工作台产生很大的承载力矩。

这种结构的优点是主轴的结构比较简单，制造成本比较低；主轴刚性非常好，可进行切削量较大的加工。

这种结构的缺点是加工工件的尺寸受转台尺寸的限制，适合加工体积小、质量小的工件。

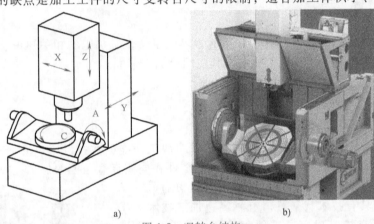

a)   b)

图 1-3 双转台结构

2. 摆头和转台结构

如图 1-4 所示，这类机床的旋转轴结构布置有最大的灵活性，A、B、C 轴中任意两轴可进行联动。大部分工作台或主轴倾斜型的旋转轴配置形式是 B 轴与 C 轴组合。

这种结构设置方式简单、灵活，同时具备主轴倾斜型与工作台倾斜型机床的部分优点。这类机床的主轴可以旋转为水平状态或垂直状态，工作台只需分度定位即可简单地配置为立、

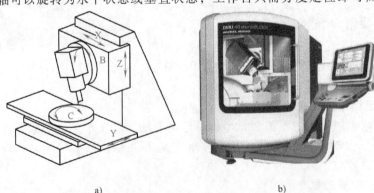

a)   b)

图 1-4 摆头和转台结构

卧转换的三轴加工中心；将主轴进行立、卧转换再配合工作台分度，可对工件实现五面加工，制造成本低，且非常实用。

3. 双摆头结构

如图 1-5 所示，主轴能自行环绕 Z 轴旋转 360°，定义为 C 轴，回转头上还有可环绕 X 轴旋转的 A 轴，工作范围可达-90°~90°，或者更大。

这种结构的优点是主轴在加工过程中非常灵活，工作台也可以设计得非常大，例如，客机庞大的机身、巨大的发动机壳都可以在这类加工中心中加工。

这种结构的缺点是刚性差；此类主轴的回转结构比较复杂，制造成本也较高。

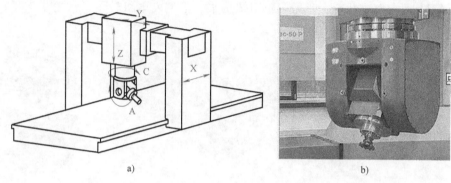

a)   b)

图 1-5 双摆头结构

二、多轴加工技术的特点与五轴加工的应用范围

（一）多轴加工技术的特点

1. 三轴加工的特点

1）在批量加工多面体零件时，所采用的加工设备必须用到多台机床或多个夹具，经过多次定位安装才能完成。

2）设备投资金额大，占用生产面积大，生产加工周期长。

3）多次定位安装导致零件加工的精度、质量难以保证。

2. 五轴加工的特点

五轴加工可实现工件一次装夹即完成除底部以外所有加工面的加工。如图 1-6 所示，五轴加工具有以下特点：

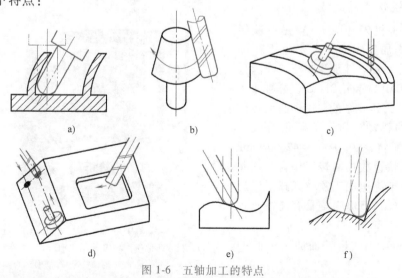

a)   b)   c)

d)   e)   f)

图 1-6 五轴加工的特点

1
PROJECT

1）可有效避免刀具干涉。

2）对于直纹面类零件，可采用侧铣方式加工成形。

3）对于一般立体型面，特别是较为平坦的大型表面，可采用大直径端铣刀贴近表面进行加工。

4）可通过一次装夹实现对工件上多个空间特征区域的加工。

5）五轴加工时刀具相对于工件表面可处于最有效的切削状态。

6）在特定的加工场合，可采用较大尺寸的刀具避开干涉进行加工。

（二）五轴加工的应用范围（图 1-7）

五轴加工是目前解决叶轮、叶片、船用螺旋桨、重型发电机转子、汽轮机转子、大型柴油机曲轴等零件的切削加工问题的主要途径之一。

a)   b)   c)

图 1-7   五轴加工的应用范围

任务二   认识海德汉系统五轴加工中心

任务描述

通过本任务的学习，了解五轴加工中心的基本特性、基本操作，及刀具安装与程序管理运行，掌握使用 3D 测头建立工件坐标系的操作。

相关知识

一、五轴加工中心简介

JK300 五轴机床（图 1-1）是一款经济型五轴立式加工中心，主要应用在医疗、航空航天、教学科研等领域。德国德玛吉生产的 DMU60monoBLOCK 五轴加工中心（图 1-8），其 B 轴的快速动态数控铣头具有很大的摆动范围，负摆角最大达 −120°；可选配转速为 10000~42000r/min 的主轴；还有快速数控回转工作台，这些创新特点在万能高速加工领域开拓了广泛的应用范围。iTNC 530 系统具有碰撞监控功能，使得机床运转更安全。

DMU60monoBLOCK 五轴加工中心的技术参数见表 1-1。

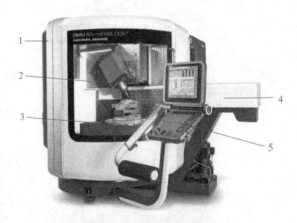

图 1-8   DMU60monoBLOCK 五轴加工中心
1—机床防护门   2—B 轴（主轴）   3—C 盘（工作台）
4—排屑槽   5—控制面板

PROJECT 1

表 1-1 DMU60monoBLOCK 五轴加工中心技术参数

序号	内容		规格	备注
1	操作系统		海德汉（HEIDENHAIN）iTNC 530,19 英寸[①]显示屏	
2	刀库		拾取式系统，立式 24 个刀位的盘式	详细见刀库铭牌
			刀库（2×12 刀位）	
			固定刀位代码	
3	X 轴行程		630mm	
	Y 轴行程		560mm	
	Z 轴行程		560mm	
4	B 轴摆动角度		−120°~+30°	
5	B 轴快速进给		35r/min	
6	B 轴定位精度		9″arc/s	
7	回转轴 C 快移速度		40r/min	
8	回转轴 C 进给		14400°/min	
9	回转轴 C 定位精度		10″arc/s	
10	机床精度（ISO 标准）	X/Y/Z 定位精度	0.006mm	
		X/Y/Z 重复定位精度	0.003mm	
		A/C 定位精度	5″arc/s	
		A/C 重复定位精度	3″arc/s	
11	机床精度（X、Y、Z）轴		0.008mm（德国工业标准 VDI/DGQ 3441）	
12	主轴最大转速		18000r/min	
13	导轨		所有线性轴均为滚柱导轨	
14	主轴锥孔		SK	
15	数据传输方式		USB 接口、以太网接口	

① 英寸（in）为非法定计量单位，1in=2.54cm。

二、海德汉 iTNC 530 数控系统机床的操作面板

海德汉 iTNC 是面向车间应用的轮廓加工数控系统，操作人员可在机床上采用易用的对话格式编程语言编写常规加工程序，它适用于铣床、钻床、镗床和加工中心。海德汉 iTNC 530 数控系统最多可控制 12 个轴，也可由程序来定位主轴。其操作面板主要分为两部分：显示器和键盘，如图 1-9 所示。

（一）海德汉 iTNC 530 数控系统显示器

DMU60/80/100 monoBLOCK 中的海德汉 iTNC 530 数控系统带有 15~17 英寸彩色液晶纯平显示器，可清晰显示机床和数控系统所有与编程、操作和机床监测有关的信息，如程序段、指令和报警信息等。如图 1-10 所示，显示器提供两组按键：垂直软键和水平软键。大部分显示器上的操作直接对应不同的软键。因为菜单的内容随着机床当前位置的变化而有所不同，所以以称之为软键。

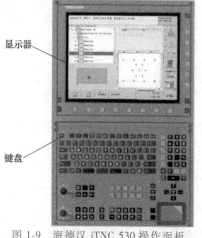

图 1-9 海德汉 iTNC 530 操作面板

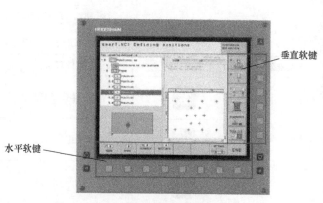

图 1-10 海德汉 iTNC 530 数控系统显示器

1

PROJECT

显示器区域另有几个与操作、编程相关的重要按键，见表 1-2。

表 1-2　海德汉 iTNC 530 数控系统显示器按键功能

按键	功　能
⟳	选择屏幕布局
⟳	显示机床模式或编程模式
⬜	软键,不同模式下有不同的功能
◁ ▷ △	软键行切换键

（二）海德汉 iTNC 530 数控系统键盘（控制面板）

海德汉 iTNC 530 数控系统提供 QWERTY 字母键盘，方便编程或在程序中添加注释，具有计算机键盘的全部功能，以及一个用于 Windows 操作的鼠标触摸板，如图 1-11 所示。

海德汉的编程方法灵活多样，包括对话式编程、DIN/ISO 格式编程和 SmarTNC 编程。对话式编程过程中，数控系统与编程者互动交流，对话界面简单易懂，已成为海德汉 TNC 系数控系统的标准编程方式。海德汉 iTNC 530 数控系统控制面板上的按键功能可按其作用划分多个类型，见表 1-3。

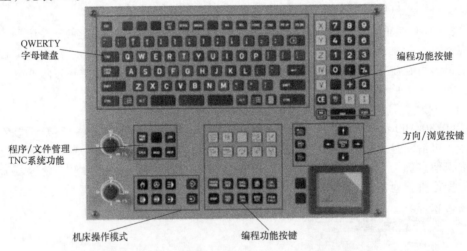

QWERTY 字母键盘

编程功能按键

程序/文件管理 TNC系统功能

方向/浏览按键

机床操作模式

编程功能按键

图 1-11　海德汉 iTNC 530 数控系统控制面板

表 1-3　海德汉 iTNC 530 数控系统控制面板按键功能

功能类型	按键图标	按键释义	按键图标	按键释义
程序/文件管理器（TNC 系统功能）	PGM MGT	文件管理(操作或删除程序)	MOD	辅助操作模式
	ERR	显示报警信息	HELP	在线帮助功能
	CALC	调用计算器功能		

（续）

功能类型	按键图标	按键释义	按键图标	按键释义
机床操作模式按键		手动操作模式		MDI 操作模式
		手轮操作模式		单段（单步）运行模式
		自动运行模式		SmarT. NC 编程模式
方向/浏览按键		方向右键		方向上键
		方向左键		方向下键
		向上翻页		向下翻页
		翻页（在 SmarT. NC 编程模式下表示选择下一个表格）		
编程功能按键		程序编辑		试运行（程序测试与刀路图形演示）
		直线	CHF	倒角
	CC／C	已知圆心圆弧	CR	已知半径圆弧
编程功能按键	CT	相切连接圆弧	RND	倒圆角
	APPR DEP	切出/切入	FK	自由轮廓编程（任意轮廓编程）
	P	极坐标输入	I	增量尺寸输入
	Q	Q 参数编程		捕捉当前位置
	TOOL DEF	刀具定义	TOOL CALL	刀具调用
	CYCL DEF	循环定义	CYCL CALL	循环调用
	LBL SET	子程序标记	LBL CALL	子程序调用
	PGM CALL	程序调用	STOP	编程停止/暂停
	TOUCH PROBE	探头功能	SPEC FCT	特殊功能,如 PLANE 或 TCPM

1

PROJECT

（三）Smartkey（智能钥匙）

Smartkey 电气运行开关原则上由两个组件组成，如图 1-12 所示。一是授权钥匙（TAG），用作授权的钥匙和数据存储器；一是运行方式选择键，借助此键可选择四种档位电气运行方式，如图 1-13 所示。

第一档位：在关闭机床防护门时开启此档位，可应用机床全部功能。

第二档位：在开启机床防护门进行操作时使用此档位，只可应用机床部分功能，且主轴转速 $S \leqslant 800\text{r/min}$。

第三档位：在开启机床防护门进行操作时使用此档位，相对第二档位可使用机床大部分的功能，且主轴转速也相应提高。

第四档位：能在开启机床防护门时使用机床全部功能，但需向制造商购买使用权限。

图 1-12　Smartkey 操作台

图 1-13　授权钥匙及运行方式选择键

1—配合使用的授权钥匙 TAG　2—运行方式的选择键

三、海德汉 iTNC 530 数控系统机床的基本操作

（一）基本操作内容

配有海德汉 iTNC 530 数控系统的数控机床，开机和关机操作因机床"参考点回零"等项目设置的不同而不尽相同，这里仅介绍一般海德汉 iTNC 530 机床的基本操作。

1. 开机

首先，接通机床电源，启动控制系统。此时，TNC 将自动进行初始化，顺序如下：

内存自检→电源中断→自动编译 TNC 的 PLC 程序。

当屏幕出现"电源中断"信息时，按下系统控制面板上的按键 **CE**，消除该信息。待系统完成 PLC 程序编译，旋开机床控制面板上的急停按钮，并手动开启机床控制面板上的外部直流电源。紧接着，进行机床手动回零操作：按下系统控制面板上的"START"按钮，各轴按预定的回零顺序回到相应参考点，BC 轴（机床旋转轴）回零。

2. 关机

为防止关机时发生数据丢失，必须严格按照如下顺序关闭操作系统：首先，选择"手动操作"模式，选择关机功能软键 **OFF ☺**，再次"确认"关机后，显示屏幕将弹出窗口"Now you can switch off the TNC"（中文大意为：现在可以关闭 TNC 系统了），此时，才可以切断电源。

3. 操作模式

如前所述，海德汉 iTNC 530 系统具有 6 种不同的操作模式：手动操作、手轮操作、MDI 操作、单段运行、自动运行、SmarT. NC。下面逐一介绍各操作模式的功能与应用。

（1）手动操作　激活系统的"手动操作"模式，可通过操作面板移动 X、Y、Z 轴，转动

B、C 轴，触发冷却液等。该功能与其他数控系统的手动操作大同小异，在此不做详细介绍。

（2）手轮操作 海德汉 iTNC 530 系统配备了便携式手轮操作器，结合操作面板上的"手轮操作"按键 ，可激活系统的手轮操作模式。同时，由于 DMG 新款的 DMU 系列的机床全部都配有 SmartKey，所以，如果是在安全门打开的情况下，需要将 SmartKey 的权限激活为"二级"或者"三级"。激活"手轮操作"模式，可通过手轮操作器的各按钮/旋钮实现多项操作功能。如图 1-14 所示，手轮操作器各按钮/旋转的功能如下：

1——紧急停止按钮；

2——手轮旋钮；

3——激活按钮；

4——轴选键；

5——实际位置获取键；

6——进给速率选择键，可选择慢速、中速、快速，具体进给速率由机床制造商设置；

7——TNC 移动所选轴的方向键；

8——机床功能（由机床制造商设置）。

选定轴选键及进给速率时红色指示灯会亮起。

在程序运行过程中，也可以通过手轮移动机床轴，单轴移动步骤如图 1-15 所示。

图 1-14 手轮操作器   图 1-15 手轮移动机床轴的操作步骤

（3）MDI（Manual Data Input，手动数据输入操作） 选择控制面板上的"MDI 操作"按键 ，激活 MDI 操作模式。在 MDI 操作模式下，可非常方便地执行简单加工操作，包括轴预定位、换刀、主轴控制功能和端面铣削等；同时，还可以进行简短的海德汉对话式编程和 ISO 格式编程，并立即执行。

通常情况下，MDI 操作模式只适用于编写临时所需的简短程序。例如，在激活 MDI 操作模式以后，在程序编写窗口输入"TOOL CALL 1 Z S2000"，并立即执行该程序段，此时，机床将调用 1 号刀具，并设置刀具轴为 Z 轴，转速 2000r/min。

（4）单段运行 与其他数控操作系统一样，激活海德汉 iTNC 530 系统的单段运行模式后，机床每次只单独运行一个程序段，必须通过按机床的"START"（开始）按钮来分别启动各程序段的运行。单段运行主要用于试切件加工，由于程序和刀具等各种加工因素不确定，因此需分步对程序进行试运行。

（5）自动运行 加工工件时，激活系统的自动运行模式，系统将连续执行零件程序，直到程序结束或停止。

1

PROJECT

（6）SmarT. NC　SmarT. NC 操作模式是海德汉 iTNC 系列在对话式编程的基础上开发的另一种编程格式，采用树状结构的编程概念，使编程人员能够更轻松地进行程序编辑。图 1-16 所示为 SmarT. NC 操作模式下的编程截图。

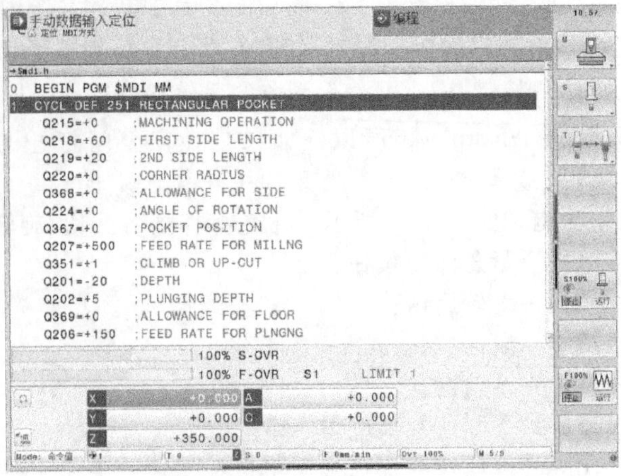

（二）刀具管理

海德汉 iTNC 530 数控系统的刀具管理内容主要包含四部分：建立新刀具（new tool）、刀具表（tool table）、刀位表（pocket table）和刀具调用（tool call）。

1. 刀具表（tool table）

在任一种操作模式下，选择软键

图 1-16　SmarT. NC 操作模式下编程截图

TOOL TABLE，可进入刀具表，选择一个未定义的刀具条目，然后把"编辑"功能置于状态"开"，进行刀具数据录入。

大多数情况下，在机床操作或程序运行中所调用的刀具，都是通过刀具表定义的，因此，熟悉并掌握刀具表中各刀具的相关数据，能够使操作人员最大程度有效地进行刀具管理和应用。标准刀具数据表字段及内容。见表 1-4。

在海德汉 iTNC 系统中，刀具表最多可定义并保存 32767 把刀具及其数据（在机床参数 7260 中，可决定建立新表时计划保存的刀具数）。

表 1-4　标准刀具数据表

字段	输入内容	数据提示信息
T	程序中调用刀具的编号	—
NAME	程序中调用刀具的名称	Tool name （译：刀具名称?）
L	刀具长度 L	Tool length? （译：刀具长度?）
R	刀具半径 R	Tool radius R? （译：刀具半径 R?）
R2	刀具半径 $R2$	Tool radius R2? （译：刀具半径 $R2$?）
DL	刀具长度 L 的正差值	Tool length oversize? （译：刀具长度正差值?）
DR	刀具半径 R 的正差值	Tool radius oversize? （译：刀具半径正差值?）
DR2	刀具半径 $R2$ 的正差值	Tool radius oversize R2? （译：刀具半径 $R2$ 正差值?）
LCUTS	刀具刀刃长度（用于循环 22、仿真时刀具显示等）	Tooth length in the tool axis? （译：沿刀具轴的刀刃长度?）
ANGLE	刀具的最大切入角（用于循环 22 和 208 往复式切入加工）	Maximum plunge angle? （译：最大切入角?）
TL	设置刀具是否锁定	Tool locked? （译：刀具锁定?） 是 = ENT／否 = NO ENT
RT	更换刀具的编号	Replacement tool? （译：更换刀具?）

PROJECT 1

（续）

字段	输入内容	数据提示信息
TIME1	以分钟（min）为单位的刀具最长寿命（本功能对不同机床可能有所不同具体参见机床操作手册）	Maximum tool age? （译：刀具最长寿命？）
TIME2	刀具调用期间以分钟（min）为单位的刀具最长寿命（如果当前刀具的使用时间超过此值，iTNC 将在下一个 TOOLCALL 期间换刀）	Maximum tool age for TOOL CALL? （译：刀具调用的刀具最长寿命？）
CUR. TIME	以分钟（min）为单位的当前刀具使用时间（输入已用刀具的起始时间值，iTNC 自动计算当前刀具寿命）	Current tool life? （译：当前刀具寿命？）
DOC	刀具信息说明（最多 16 个字符）	Tool description? （译：刀具说明？）
PLC	传送给 PLC 的有关该刀具的信息	PLC status? （译：PLC 状态？）
PLC VAL	传送给 PLC 的有关该刀具的值	PLC value? （译：PLC 值？）
PTYP	刀具类型（一般在机床刀具库门上贴有刀具类型的分类）	Tool type for pocket table? （译：刀位表的刀具类型？）
NMAX	刀具的主轴转速限速（如果禁用该功能，输入"-"）	Maximum speed [r/min]? （译：最高转速[转/分]？）
LIFTOFF	用于确定 NC 停止时，iTNC 是否沿刀具轴的正向退刀，以免在轮廓上留下刀具停留的痕迹。如果选择 Y（是），则只要在 NC 程序中用 M148 启用这一功能，iTNC 将使刀具退离轮廓 0.1mm	Retract tool Y/N? （译：退刀？）

2. 刀位表（pocket table）

刀位表可以对机床的刀库进行管理，刀位表中存有刀具在刀库中的具体位置、当前刀具状态以及刀位状态等信息。刀位表标准数据见表 1-5。

在"刀具编辑"操作模式下，选择软键"刀位表"，可进入刀位表，然后将"编辑"功能置于状态"开"，进行刀具数据的编辑。

表 1-5 刀位表标准数据

字段	输入内容	数据提示信息
P	刀库中刀具的刀位编号	……
T	刀具编号	Tool number? （译：刀具编号？）
ST	半径较大的特殊刀具需要占用刀库中的多个刀位（如果特殊刀具占用了本刀位之前或之后的刀位，那么增加的这些刀位必须在列 L 中被锁定）	Special tool? （译：特殊刀具？）
L	刀位是否处于锁定状态	刀位锁定，是=ENT 否=NOENT
PLC	PLC 控制器（0/1）	
TNAME	刀具名称	
DOC	文字注释	
PTYP	刀位类型	
P1…P5		
LOCKED_ABOVE	上锁止	
LOCKED_BELOW	下锁止	
LOCKED_LEFT	左锁止	
LOCKED_RIGHT	右锁止	
F	固定刀具编号	Fixed pocket? （译：固定刀位？）

3. 刀具调用（tool call）

在 MDI 模式和自动运行模式下，可通过编程功能按键"TOOL CALL"编辑程序段。示例程序段：TOOL CALL 5.2 Z S2500 F350 DL+0.2 DR−1 DR2+0.05，该程序段表示在刀具轴 Z 轴调用 5 号刀具；主轴转速为 2500r/min，进给速率为 350mm/min；用正差值 0.2mm 编程刀具长度、刀具半径 2 的正差值为 0.05mm，刀具半径负差值为 1mm（L 和 R 前的字符 D 代表差值）。

调用的刀具必须在 TOOL DEF（刀具定义）程序段或刀具表中已有定义，编程系统将自动给刀具名加上引号。刀具名称仅指当前刀具表（TOOL.T）中的输入名，如果要调用其他补偿值的刀具，也可以在小数点后输入刀具表中定义的索引编号。

在零件程序中，也可以用 TOOL DEF（刀具定义）直接定义刀具数据，TOOL DEF 能直接定义的刀具数据包括示例程序段所列举的三种：刀具长度补偿值、刀具半径补偿值和刀具半径 2 补偿值；也可直接在 TOOL DEF 程序段中定义刀具的编号、长度和半径，如：TOOL DEF 5 L+10 R+5；除此以外的刀具数据都将通过刀具表定义。

4. 程序创建与管理

创建新零件程序的流程：1）选择"程序编辑"操作模式 ；2）选择 PGM MGT 按键 ；3）进入"文件管理"操作模式，如图 1-17 所示。

创建或选择需要保存的新程序，输入新程序名并用"ENT"键确认，在确认新程序的建立前需要选择程序的尺寸单位（MM/INCH），进入"programming and editing"界面，定义 BLK FORM 并进行程序编辑，如图 1-18 所示。

图 1-17 文件管理

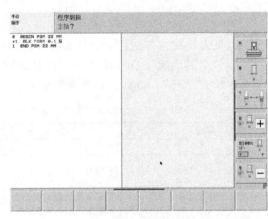

图 1-18 程序编辑

海德汉 iTNC 530 系统中，程序的创建、删除、复制、重命名等功能都是在 PGM MGT（文件管理器）中实现的：

1）删除文件。调用文件管理器，用箭头键或者箭头软键将高亮区移到要删除的文件上，选择"DELETE（删除）"软键，最后用软键"YES"/"NO"确认或取消删除。

2）复制文件。调用文件管理器，用箭头键或者箭头软键将高亮区移到要复制的文件上，选择"COPY（复制）"软键，输入新文件名，并用"EXECUTE（执行）"软键或"ENT"按键确认。

3）重命名文件。调用文件管理器，用箭头键或者箭头软键将高亮区移到要重命名的文件上，选择"RENAME（重命名）"软键，输入新文件名，并用"EXECUTE（执行）"软键或"ENT"按键确认。

除此之外，文件管理器还具有非常强大的扩展功能，见表 1-6。

表 1-6　文件管理器扩展功能表

功能	PGM MGT 中的软键图标	功能	PGM MGT 中的软键图标
复制(转换)单个文件	 复制 ABC→XYZ	重命名文件	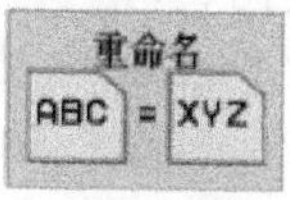 重命名 ABC=XYZ
选择目标目录	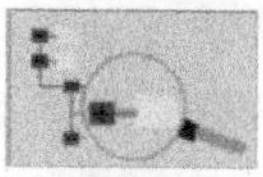	保护文件禁止被编辑或删除	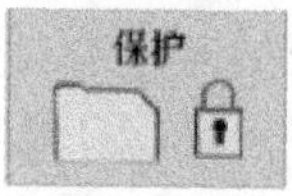 保护
显示特定文件类型	 选择 类型	管理网络驱动器	 网络
显示最后所选的 10 个文件	 前一个 文件	复制目录	 复制 ABC→XYZ
删除一个文件或目录	 删除	显示特定驱动器中的所有目录	 更新 树状结构
标记一个文件	标记		

（三）工件零点设置

海德汉 iTNC 530 系统确定工件零点一般有两种方式，一种是手动测量，另一种则是利用 3D 测量探头（touch probe）自动测量。

1. 手动测量

手动测量是一种便捷、常用的零点设置工作方法，在机床上容易实现，具体操作步骤见表 1-7。

表 1-7　手动测量具体操作步骤

操作步骤	相关按键
在系统操作面板上选择"manual operation"，进入手动操作模式	 ✋
通过移动机床轴，将刀具缓慢移动以接触工件表面	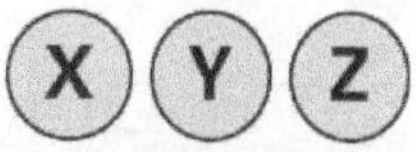 X Y Z
通过编辑功能区的字符键盘选择各轴（如 Z 轴），输入刀具相对于当前工件的位置（假设当前刀具底部置于工件上表面）	 Z 0 ENT

2. 3D 测头建立工件坐标系

海德汉公司测头适用于各类机床，特别是铣床和加工中心。使用测头建立坐标系可以缩短设置时间，增加机床工作时间和提高成品工件的尺寸精度。3D 测头测量支持手动设置、形状位置测量和监测，也可以由大多数 CNC 数控系统通过程序控制执行。

海德汉公司 TS 系列测头用于在机床上测量工件，可手动或用换刀装置将测头安装到刀座中，如图 1-19 所示。手动或自动执行探测功能的一般操作顺序：工件找正、预设工件原点、工件测量、进行 3D 表面数字化检测。

下面以在立方体上表面几何中心建立工件坐标系为例，讲解使用 3D 测头预设工件原点的操作。

首先把测头安装在主轴上，并在刀具表中输入正确的 $L\backslash R$ 数值，注意修改 PLC 值，如图 1-20 所示。MDI 操作模式下激活探头（M27 指令），选择软键“预设表”，将光标移动到选定使用的坐标系（图 1-21），执行“启用预设”，当前选定的坐标系生效，设置 C 轴当前坐标值为 0，进入测头的“测量并旋转 C 轴”功能，校正 C 轴，并摆正 C 轴，如图 1-22a 所示。分别找出矩形上表面 X 向和 Y 向的中点，如图1-22b所示，同时把 X/Y 轴的零点键入预设表。选择软键“测量 POS”，标定 Z 向零点并键入预设表。至此，以立方体上表面几何中心为原点的工件坐标系建立完成。

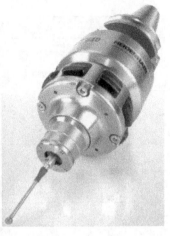

图 1-19　TS640 探头

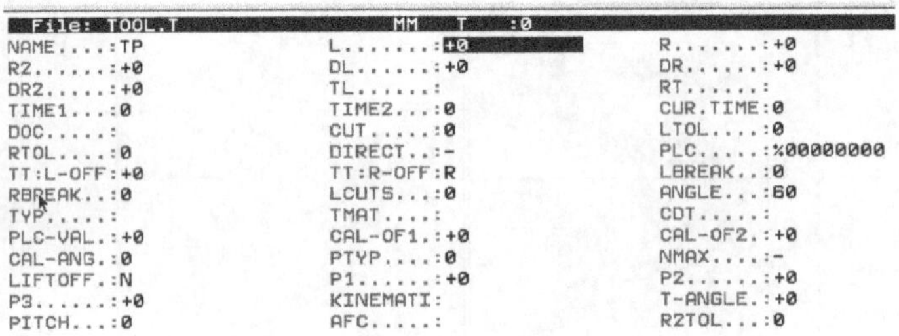

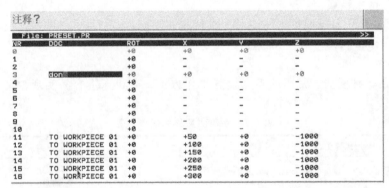

File: TOOL.T	MM　T　:0	
NAME....:TP	L.......:+0	R.......:+0
R2......:+0	DL......:+0	DR......:+0
DR2.....:+0	TL......:	RT......:
TIME1...:0	TIME2...:0	CUR.TIME:0
DOC.....:	CUT.....:0	LTOL....:0
RTOL....:0	DIRECT..:-	PLC.....:%00000000
TT:L-OFF:+0	TT:R-OFF:R	LBREAK..:0
RBREAK..:0	LCUTS...:0	ANGLE...:60
TYP.....:	TMAT....:	CDT.....:
PLC-VAL.:+0	CAL-OF1.:+0	CAL-OF2.:+0
CAL-ANG.:0	PTYP....:0	NMAX....:-
LIFTOFF.:N	P1......:+0	P2......:+0
P3......:+0	KINEMATI:	T-ANGLE.:+0
PITCH...:0	AFC.....:	R2TOL...:0

图 1-20　3D 测头参数编辑界面

注释?

File: PRESET.PR　>>

NR	DOC	ROT	X	Y	Z
0		+0	+0	+0	+0
1		+0	-	-	-
2		+0	-	-	-
3	don	+0	+0	+0	+0
4		+0	-	-	-
5		+0	-	-	-
6		+0	-	-	-
7		+0	-	-	-
8		+0	-	-	-
9		+0	-	-	-
10		+0	-	-	-
11	TO WORKPIECE 01	+0	+50	+0	-1000
12	TO WORKPIECE 01	+0	+100	+0	-1000
13	TO WORKPIECE 01	+0	+150	+0	-1000
14	TO WORKPIECE 01	+0	+200	+0	-1000
15	TO WORKPIECE 01	+0	+250	+0	-1000
16	TO WORKPIECE 01	+0	+300	+0	-1000

图 1-21　选择工件坐标系

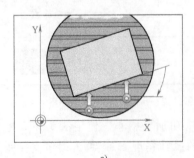

a)　　　　b)

图 1-22　3D 探头测量示意图

a）测量并校正 C 轴　b）X/Y 向分中

项目考核 （表 1-8）

表 1-8　认识多轴加工项目考核卡

考核项目	考核内容	评价(0~10分)				考核者
		差	一般	好	很好	
		0~3分	4~6分	7~8分	9~10分	
职业素养	态度积极主动,能自主学习及相互协作,尊重他人,注重沟通					
	遵守学习场所管理纪律,能服从教师安排					
	学习过程全勤,配合教学活动					
技能目标	能通过获取有效资源解决学习中的难点					
	能掌握多轴机床与五轴加工的概念					
	能说出常见五轴加工中心的结构及其形式					
	能说出海德汉 iTNC 530 五轴数控系统的功能及其组成部分					
	能通过海德汉 iTNC 530 五轴数控系统进行开、关机等手动操作					
	能通过海德汉 iTNC 530 五轴数控系统进行工件零点设置					
	能使用 3D 测头建立工作坐标系					
合计						

练习题

1. 在右手笛卡儿坐标系中，A、B、C 轴分别是围绕着＿＿＿＿＿＿＿＿、＿＿＿＿＿＿、＿＿＿＿＿＿＿轴旋转的旋转轴。

2. 五轴加工机床有双摆头、＿＿＿＿＿＿、＿＿＿＿＿＿等结构。

3. 简述多轴加工技术的特点以及优势。

PROJECT 1

项目二　海德汉五轴数控编程实践

海德汉五轴数控系统基本程序功能指令以及循环功能，是完成零件程序手动编制的基础。学习海德汉系统，通过对案例零件进行五轴数控加工程序编制，增强对多轴加工技术原理的认识和理解，熟悉常用程序功能的应用，为熟练掌握五轴数控程序编制打下基础。

任务一　认识五轴数控编程方式

任务描述

通过本任务的学习，熟悉海德汉 iTNC 530 五轴数控系统的常用插补代码、编程指令语句，以及编程的方式等内容。

相关知识

一、海德汉 iTNC 530 五轴加工数控程序组成

海德汉 iTNC 530 五轴加工数控程序由程序头、程序内容和程序结束指令三个部分组成，示例见表 2-1。

表 2-1　海德汉 iTNC 530 五轴加工数控程序示例

程序段	说明	结构
0 BEGIN PGM　GETC　MM	"BEGIN PGM"表示程序开始；"GETC"表示程序名；"MM"表示尺寸单位	程序头
1 BLK FORM 0.1 Z X+0 Y+0 Z-40	定义主坐标轴为 Z，定义毛坯形状最小点坐标	程序内容
2 BLK FORM 0.2 X+100 Y+100 Z+0	定义毛坯形状最大点坐标	
3 TOOL CALL 1 Z S2000 F3000	调用 1 号刀具	
……	……	
4 END PGM NEW MM	程序结束、程序名、尺寸单位	程序结束

iTNC 530 数控程序按升序为程序段编号。程序以"BEGIN PGM"作为开端，包含程序名和当前尺寸单位；程序内容包含工件毛坯定义、刀具定义、刀具调用、进给速率和主轴转速定义，以及路径轮廓、循环等功能；程序结束指令包含 END PGM 字段，以及程序名和当前尺寸单位。

二、iTNC 530 插补功能指令

（一）路径功能

1. 直线运动

按顺序对各轮廓元素用路径功能编写程序，依此创建零件加工程序。这种编程方法通常需按工件图样要求输入各轮廓元素终点的坐标，iTNC 530 将根据刀具数据和半径补偿由这些

坐标计算刀具的实际路径。

进给速率 F 是指刀具中心的运动速率（mm/min 或 in/min）。每个机床轴的最大进给速率可以各不相同，并能通过机床参数进行设置。

编程快速移动，需输入"F MAX"当 iTNC 530 数控系统屏幕显示"FEED RATE F=？"（进给速率 F=？）时，按<ENT>或<F MAX>软键。

输入数值确定的进给速率持续有效，直到执行定义了不同进给速率的程序段为止。F MAX命令仅在所编程序段内有效，执行完含有 F MAX 命令的程序段后，进给速率将恢复到以数值形式定义的最后一个进给速率。程序运行期间，可以用进给速率倍率调节旋钮调整进给速率。

程序示例：

L X+100 Y+100 F3000　　　　进给速率为3000mm/min

L X+300 F MAX　　　　　　　进给速率为机床的快速移动速率

L Y+100　　　　　　　　　　进给速率为3000mm/min

（1）单一插补运动　程序段中仅有一个坐标。iTNC 530 数控系统将沿平行于编程机床轴的方向移动刀具。根据机床结构的不同，零件程序可以定义移动刀具或者移动固定工件的机床工作台。

程序示例：L X+100

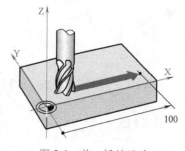

图 2-1　单一插补运动

其中，"L"表示直线路径功能，"X+100"表示终点坐标。

刀具保持 Y 轴和 Z 轴坐标不动，沿 X 轴移至 X=100 位置处，如图 2-1 所示。

（2）二维插补运动　程序段有两个坐标，iTNC 530 数控系统将在编程平面内移动刀具。

程序示例：L X+70 Y+50

刀具保持 Z 轴坐标不动，在 XY 平面内移至 X=70，Y=50 位置处，如图 2-2 所示。

（3）三维插补运动　程序段有三个坐标。iTNC 530 数控系统在空间中将刀具移至编程位置，如图 2-3 所示。

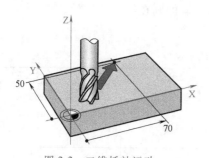

图 2-2　二维插补运动

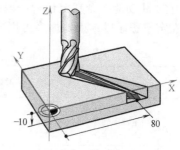

图 2-3　三维插补运动

程序示例：L X+80 Y+0 Z-10

（4）多轴同时运动　iTNC 530 数控系统可同时控制五轴联动（软件选装）。采用五轴联动加工，例如，可同时运动三个线性轴和两个旋转轴。

这种程序十分复杂，很难在机床上进行编程，一般由 CAM 系统创建，如图 2-4 所示。

程序示例：L X+20 Y+10 Z+2 A+15 C+6 R0 F100 M3

2

PROJECT

2. 圆弧运动

圆与圆弧在 iTNC 530 数控系统中有多种编程方法，但 CAM 软件中"以 CC 为圆心的圆弧路径"功能最常用，因此本文只介绍"以 CC 为圆心的圆弧路径"功能。

编写圆弧路径程序前，首先必须输入圆心坐标（CC 程序段）。程序段前的最后一个编程刀具位置将被用作圆的起点，如图 2-5 所示。

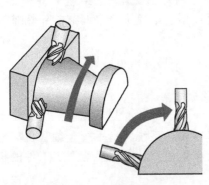

图 2-4 多轴运动

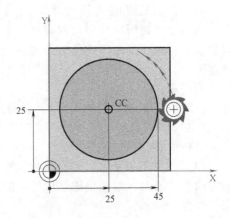

图 2-5 圆弧运动

程序示例：

CC X+25 Y+25

L X+45 Y+25 RR F200 M3

C X+45 Y+25 DR+

圆心坐标：X25，Y25

圆弧起点：X45，Y25

"RR"表示右补偿

圆弧终点坐标：X45 Y25；

"DR"表示方向：逆时针为"DR+"，顺时针为"DR−"

（二）辅助功能指令

1. M 功能指令（表 2-2）

iTNC 530 数控系统的辅助功能主要用于控制程序运行，控制机床功能，如主轴的启、停、冷却液的开、关，以及刀具的轮廓加工。

注意：

1）有的 M 功能指令在定位程序段开始处生效，有的则在结束处生效。

2）在定位程序段结束处最多可以输入两个 M 功能。

表 2-2 M 功能指令

指令代号	功能描述	生效位置	
		开始处	结束处
00	停止程序运行 主轴停转 冷却液关闭		√
01	选择性地停止程序运行		√
02	停止程序运行 主轴停转 冷却液关闭 清除状态显示		√
03	主轴顺时针转	√	
04	主轴逆时针转	√	
05	主轴停转		√

（续）

指令代号	功能描述	生效位置	
		开始处	结束处
06	换刀 主轴停转 程序停止运行		√
08	冷却液打开	√	
09	冷却液关闭		√
13	主轴顺时针转 冷却液打开	√	
14	主轴逆时针转 冷却液打开	√	
30	停止程序运行 主轴停转 冷却液关闭 清除状态显示 程序复位到初始状态		√
91	如果想在定位程序段中使用相对机床原点的坐标,在该程序段结束处用 M91 指令		

2. 机床的基本坐标系统指令：M91

如果想在定位程序段中使用相对机床原点的坐标,在程序段结束处用 M91 指令,该命令仅在所编程序段内有效。

程序示例：

L X0 Y0　Z0　F MAX M91　　　　　回到机床附加原点处

L X0 Y0　Z-50　　F MAX M91　　　主轴移动至相对机床原点 Z-50 的位置。

3. 刀具沿轴退离轮廓指令 M140

如果在定位程序段中输入 M140,iTNC 530 数控系统将不断提示输入刀具离开轮廓的路径。应输入刀具离开工件轮廓时应走的路径,或按<MAX>软键将刀具移至行程的极限位置。

程序示例：

L X+0　Y+38.5 F125 M140 MB 50 F750　　　由轮廓退刀 50mm

L X+0　Y+38.5 F125 M140 MB MAX　　　　将刀具移至行程的极限位置

注意：

1）M140 指令仅在所编程序段内有效。

2）如果使用倾斜加工面功能、M114 或 M128 指令,M140 也将有效。

3）对带有倾斜主轴头的机床,iTNC 530 数控系统将按倾斜坐标系移动刀具。

4. 旋转轴以较短路径移动指令 M126

标准特性：如果定位旋转轴显示的角度小于 360°,iTNC 530 数控系统的标准特性将取决于机床参数 7682（MP7682）。MP7682 用于设置 iTNC 530 数控系统如何考虑名义位置和实际位置之差,或 iTNC 530 数控系统是否始终选用最短路径进行移动（即使不使用指令 M126）。

M126 功能特性：如果旋转轴角度的显示值减小到 360°以下,iTNC 530 数控系统可采用 M126 功能沿最短路径移动轴。示例说明见表 2-3。

表 2-3　M126 功能指令示例

实际位置	名义位置	移动量
350°	10°	+20°
10°	340°	-30°

M126 指令仅在程序段开始处生效。要取消 M126 指令,输入 M127 指令,在程序结束时

2 PROJECT

M126 功能被自动取消。

5. 倾斜轴定位时保持刀尖位置（TCPM）指令 M128

TCPM 假设以手动方式定点执行 RTCP 功能（Rotated Tool Center Point，刀尖点跟随功能），刀具中心点和刀具与工件表面的实际接触点将保持不变，此时刀具中心点落在刀具与工件表面实际接触点处的法线上，而刀柄将围绕刀具中心点旋转。对于球头刀而言，刀具中心点就是数控代码的目标轨迹点，如图 2-6 所示。为了使刀柄在执行 RTCP 功能时能够单纯地围绕目标轨迹点（刀具中心点）旋转，就必须实时补偿由于刀柄转动所造成的刀具中心点各直线坐标的偏移，这样才能够在保持刀具中心点以及刀具与工件表面实际接触点不变的情况下，改变刀柄与刀具和工件表面实际接触点处的法线之间的夹角，发挥球头刀的最佳切削效率，并起到有效避让干涉等作用。因而 RTCP 似乎更多的是站在刀具中心点（即数控代码的目标轨迹点）上，处理旋转坐标的变化。

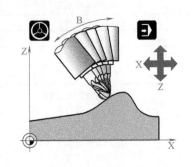

图 2-6　M128 功能

不具备 TCPM 功能的五轴机床和数控系统必须依靠 CAM 编程和后处理，事先规划好刀路。同一个零件，更换机床或者刀具，就必须重新进行 CAM 编程和后处理，工作效率非常低。

M128 功能特性：iTNC 530 数控系统将刀具移至零件程序要求的位置处。如果程序中改变了倾斜轴位置，必须计算其导致的线性轴偏移量并按定位程序段要求移动。

使用 M128 编写倾斜工作台运动程序，iTNC 530 数控系统将相应旋转坐标系。例如，如果将 C 轴旋转 90°（通过定位指令或原点平移），然后编程 X 轴运动指令，iTNC 530 数控系统将执行沿机床 Y 轴的运动。

iTNC 530 数控系统还将根据旋转工作台相对原点的平移来转换已定义的原点。

程序示例：

L X+0 Y+38.5　B-15 RL F125 M128 F1000　　　补偿运动的进给速率 1000mm/min

如果在使用 M128 功能和半径补偿 RL/RR 功能情况下执行 3D 刀具补偿，iTNC 530 数控系统将根据机床几何特征自动定位旋转轴。

注意：

1）为避免轮廓欠刀，使用 M128 功能时只能使用球形铣刀。

2）刀具长度的计算起点是刀尖的球心。

3）如果正在使用 M128 功能，iTNC 530 数控系统将在状态栏显示符号 。

4）要取消 M128 指令，需要输入 M129 指令。如果在程序运行操作模式下选择了新程序，iTNC 530 数控系统也将复位 M128 指令。

6. 刀具调用指令 Tool call

软键 的作用是调用刀具，并且在该指令之后可指定刀具号（或名称）、刀具轴、长度差值、半径差值、主轴转速、进给速度等信息。

程序示例：TOOL CALL　5　Z100　S2500　F350　DL+0.2　DR-1　DR2+0.05

1）"TOOL CALL" 表示选择刀具调用功能。

2）"5" 表示刀具编号或刀具名称。输入的刀具必须在 TOOL DEF（刀具定义）程序段或刀具表中已有定义，iTNC 530 数控系统会自动给刀具名加上引号。刀具名称仅指当前刀具表 TOOL.T 中的输入名，如果要调用具有其他补偿值的刀具，也可以在小数点后输入刀具表中定义的索引编号。

3）"Z"表示工作主轴，输入刀具轴。

4）"S"表示主轴转速。直接输入主轴转速，如果使用切削数据表，iTNC 530 数控系统可计算主轴转速。按<S CALCULATEAUTOMAT. >（自动计算主轴转速）软键，iTNC 530 数控系统将按 MP3515 设置的最高转速限制主轴转速。

5）"F"表示进给速率。直接输入进给速率，如果使用切削数据表，iTNC 530 数控系统可计算进给速率。按<F CALCULATEAUTOMAT. >（自动计算进给速率）软键，iTNC 530 数控系统将按最慢轴（由 MP1010 设置）的最快进给速率限制进给速率。进给速率将一直保持有效至定位程序段，或至 TOOL CALL（刀具调用）程序段有新的进给速率为止。

6）"DL"表示刀具长度正差值，输入刀具长度的差值。

7）"DR"表示刀具半径正差值，输入刀具半径的差值。

8）"DR2"表示刀具半径 2 正差值，输入刀具半径 2 的差值。

任务二 孔位加工常用循环代码编程

任务描述

通过本任务掌握孔类循环代码（CYCL DEF）常用方法，结合孔加工综合实例进行螺纹铣削特征加工编程。

相关知识

一、钻孔（CYCL DEF200）

1. 钻孔动作过程（图 2-7）

1）iTNC 530 数控系统以快速移动速率 FMAX 将刀具沿刀具轴向移至工件表面之上的安全高度处。

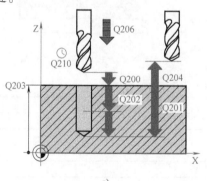
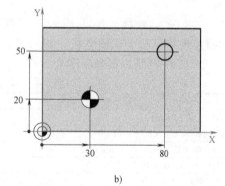

图 2-7 钻孔（CYCL DEF200）

2）刀具以编程进给速率 F 钻至第一切入深度。

3）iTNC 530 数控系统以快速移动速率 FMAX 将刀具退至安全高度处并停顿（如已定义停顿时间），然后以快速移动速率 FMAX 将刀具移至第一切入深度之上的安全高度处。

4）刀具以编程进给速率 F 再次进刀，钻至下一个深度。

5）iTNC 530 数控系统重复上述过程（2~4 步），直至达到编程深度为止。

6）刀具以快速移动速率 FMAX 将刀具由孔底退至安全高度处，或退至第一切入深度处。

2. 钻孔编程示例

钻孔循环是加工中常用的功能代码，在海德汉系统中应用广泛，采用钻孔循环代码的程序参数说明见表 2-4。

表 2-4 钻孔循环代码应用

程序段	参数说明
10 L Z+100 R0 FMAX	
11 CYCL DEF200 DRILLING	
Q200 = 2	1)安全高度 Q200（增量值）：刀尖与工件表面之间的距离。输入正值
Q201 = 15	2)深度 Q201（增量值）：工件表面与孔底（钻头尖）之间的距离
Q206 = 250	3)切入进给速率 Q206：钻孔时刀具的移动速率，单位为 mm/min
Q202 = 5	4)切入深度 Q202（增量值）：每刀进给量。钻孔深度不必是切入深度的整倍数。当切入深度大于等于整个孔的深度时，整个孔深加工将一次完成
Q210 = 0	5)顶部停顿时间 Q210：刀具自孔内退出进行排屑时，刀具在安全高度处的停留时间，单位为 s
Q203 = +20	6)工件表面坐标 Q203（绝对值）：工件表面的坐标
Q204 = 100	7)第二安全高度 Q204（增量值）：刀具轴坐标，在此坐标位置下刀具与工件（或夹具）不会发生碰撞
Q211 = 0.1	8)底部停顿时间 Q211：刀具在孔底的停留时间，单位为 s
12 L X+30 Y+20 FMAX M3	
13 CYCL CALL	
14 L X+80 Y+50 FMAX M99	
15 L Z+100 FMAX M2	

3. 钻孔综合实例

完成图 2-8 所示孔的加工，孔深度为 10mm，其加工程序见表 2-5。

4. 注意事项

1）编程时定位坐标半径补偿为 R0。

2）循环参数 DEPTH（深度）的代数符号决定加工方向，如果编程定义 DEPTH = 0，这个循环将不被执行。

3）注意避免碰撞。如果输入了正深度，iTNC 530 数控系统将反向计算预定位，即刀具沿刀具轴快速移至低于工件表面的安全高度处。

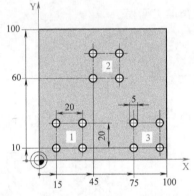

图 2-8 钻孔循环加工实例

表 2-5 钻孔综合实例加工程序表

程序段	程序说明
0 BEGIN PGM UP1 MM	
1 BLK FORM 0.1 Z X+0 Y+0 Z-20	
2 BLK FORM 0.2 X+100 Y+100 Z+0	
3 TOOL DEF 1 L+0 R+2.5	定义刀具
4 TOOL CALL 1 Z S5000	调用刀具
5 L Z+250 R0 FMAX	退刀
6 CYCL DEF200 DRILLING	钻孔循环定义
Q200 = 2 ；设置安全高度	
Q201 = -10 ；深度	
Q206 = 250 ；切入进给速率	
Q202 = 5 ；切入深度	
Q210 = 0 ；顶部停顿时间	
Q203 = +0 ；表面坐标	
Q204 = 10 ；第二安全高度	
Q211 = 0.25 ；底部停顿时间	
7 L X+15 Y+10 R0 FMAX M3	移至群孔 1 的起点
8 CALL LBL 1	调用群孔的子程序 1
9 L X+45 Y+60 R0 FMAX	移至群孔 2 的起点

（续）

程序段	程序说明
10 CALL LBL 1	调用群孔的子程序 1
11 L X+75 Y+10 R0 FMAX	移至群孔 3 的起点
12 CALL LBL 1	调用群孔的子程序 1
13 L Z+250 R0 FMAX M2	结束主程序
14 LBL 1	子程序 1 定义:群孔
15 CYCL CALL	孔 1
16 L IX+20 R0 FMAX M99	移至第 2 个孔,调用循环
17 L IY+20 R0 FMAX M99	移至第 3 个孔,调用循环
18 L IX-20 R0 FMAX M99	移至第 4 个孔,调用循环
19 LBL 0	子程序 1 结束
20 END PGM UP1 MM	

二、铰孔（CYCL DEF201）

1. 铰孔动作过程（图 2-9）

1）iTNC 530 数控系统以快速移动速率 FMAX 将刀具定位至加工面之上的编程安全高度处。

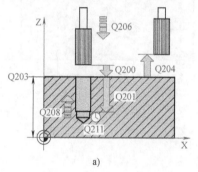 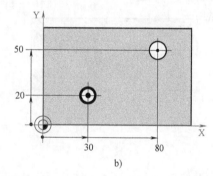

图 2-9 铰孔（CYCL DEF201）

2）刀具以编程进给速率 F 铰孔至定义的深度。

3）如果程序中已定义停顿时间,刀具将在孔底处停顿相应的时间。

4）刀具以编程进给速率 F 退刀至安全高度,并由安全高度处以快速移动速率 FMAX 移至第二安全高度处（如已定义高度值）。

2. 铰孔编程示例

铰孔循环在海德汉系统中应用同样广泛,采用铰孔循环代码的程序参数说明见表 2-6。

表 2-6 铰孔循环代码应用

程序段	参数说明
10 L Z+100 R0 FMAX	
11 CYCL DEF201 REAMING 　Q200 = 2 　Q201 = −15 　Q206 = 100 　Q211 = 0. 5 　Q208 = 250 　Q203 = +20 　Q204 = 100	1)安全高度 Q200（增量值）:刀尖与工件表面之间的距离 2)深度 Q201（增量值）:工件表面与孔底之间的距离 3)切入进给速率 Q206:铰孔时刀具的移动速率,单位为 mm/min 4)底部停顿时间 Q211:刀具在孔底的停留时间,单位为 s 5)退刀速率 Q208:刀具自孔中退出时的移动速率。如果输入 Q208 = 0,刀具将以铰孔进给速率退刀 6)工件表面坐标 Q203（绝对值）:工件表面的坐标 7)第二安全高度 Q204（增量值）:刀具轴坐标,在此坐标位置下刀具与工件(或夹具)不会发生碰撞
12 L X+30 Y+20 FMAX M3	
13 CYCL CALL	
14 L X+80 Y+50 FMAX	

3. 注意事项

1）编程时定位坐标半径补偿为 R0。

2）循环参数 DEPTH（深度）的代数符号决定加工方向，如果编程定义 DEPTH = 0，这个循环将不被执行。

3）注意避免碰撞。如果输入了正深度，iTNC 530 数控系统将反向计算预定位，即刀具沿刀具轴快速移至低于工件表面的安全高度处。

三、镗孔（CYCL DEF202）

1. 镗孔动作过程（图 2-10）

1）iTNC 530 数控系统以快速移动速率 FMAX，将刀具沿刀具轴向移至工件表面之上的编程安全高度处。

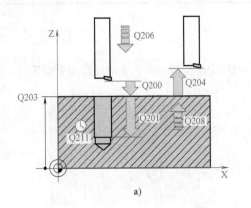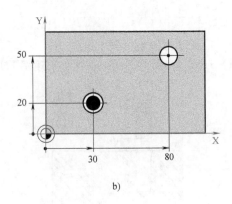

图 2-10　镗孔（CYCL DEF202）

2）刀具以切入进给速率钻孔至编程定义的深度。

3）如果程序中已定义停顿时间，刀具将在孔底处停顿相应的时间，并保持当前主轴无进给旋转速率。

4）iTNC 530 数控系统将主轴定向至参数 Q336 定义的位置。

5）如果选择退刀，刀具将沿编程方向退离 0.2mm（固定值）。

6）刀具以编程进给速率 F 退刀至安全高度处，并由安全高度处以快速移动速率 FMAX 移至第二安全高度处（如已定义高度值）。如果 Q214 = 0，刀尖将停留在孔壁上。

2. 镗孔编程示例

镗孔循环在海德汉系统中应用广泛，采用镗孔循环代码的程序参数说明见表 2-7。

3. 注意事项

1）编程时定位坐标半径补偿为 R0。

2）循环参数 DEPTH（深度）的代数符号决定加工方向，如果编程定义 DEPTH = 0，这个循环将不被执行。

3）注意避免碰撞。如果输入了正深度，iTNC 530 数控系统将反向计算预定位，即刀具沿刀具轴快速移至低于工件表面的安全高度处。

4）为避免碰撞危险，应正确选择刀具退离孔边的方向。编程主轴定向时，应检查 Q336 参数定义的主轴定向角所确定的刀尖位置（例如，处于"手动数据输入定位"操作模式时），设置角度应使刀尖沿平行于坐标轴的方向。退刀时，iTNC 530 数控系统自动考虑当前坐标系统的旋转因素。

表 2-7 镗孔循环代码应用

程序段	参数说明
10 L Z+100 R0 FMAX	
11 CYCL DEF202 BORING	
Q200 = 2	1）安全高度 Q200（增量值）：刀尖与工件表面之间的距离
Q201 = −15	2）深度 Q201（增量值）：工件表面与孔底之间的距离
Q206 = 100	3）切入进给速率 Q206：镗孔时刀具的移动速率，单位为 mm/min
Q211 = 0.5	4）底部停顿时间 Q211：刀具在孔底的停留时间，单位为 s
Q208 = 250	5）退刀速率 Q208：刀具自孔中退出时的移动速率。如果输入 Q208 = 0，刀具将以切入进给速率退刀
Q203 = +20	6）工件表面坐标 Q203（绝对值）：工件表面的坐标
Q204 = 100	7）第二安全高度 Q204（增量值）：刀具轴坐标，在此坐标位置下刀具与工件（或夹具）不会发生碰撞
	8）退离方向 Q214：确定 iTNC 530 数控系统在孔底处的退刀方向（主轴定向之后），各数值含义如下：
Q214 = 1	0：不退刀 1：沿参考轴负方向退刀 2：沿次要轴负方向退刀 3：沿参考轴正方向退刀 4：沿次要轴正方向退刀
Q336 = 0	9）主轴定向角 Q336（绝对值）：退刀前，iTNC 530 数控系统定位刀具的定向角
12 L X+30 Y+20 FMAX M3	
13 CYCL CALL	
14 L X+80 Y+50 FMAX M99	

四、万能钻（CYCL DEF203）

1. 万能钻动作过程（图 2-11）

1）iTNC 530 数控系统以快速移动速率 FMAX，将刀具定位至加工面之上的编程安全高度处。

2）刀具以编程进给速率 F 钻至第一切入深度。

3）如果编写了断屑程序，刀具将按输入的退刀速率退刀。如果无断屑步骤，刀具以编程进给速率退至安全高度处，并停顿相应的时间（如已定义停顿时间）。之后刀具由安全高度处以快速移动速率 FMAX 移至第一切入深度之上的安全高度处。

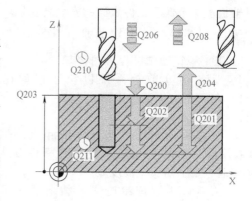

图 2-11 万能钻（CYCL DEF203）

4）刀具以编程进给速率再次进刀钻至下一个深度。如果进行了相应的编程，刀具每次进给的切入深度将递减。

5）iTNC 530 数控系统重复上述过程（2~4 步）直至达到编程孔深为止。

6）刀具将在孔底停顿相应的时间（如已定义停顿时间），空转，然后以编程进给速率退至安全高度处。如果程序中已定义第二安全高度，则刀具以快速移动速率 FMAX 移至第二安全高度处。

2. 万能钻编程示例

万能钻循环在海德汉系统中应用广泛，采用万能钻循环代码的程序参数说明见表 2-8。

3. 注意事项

1）编程时定位坐标半径补偿为 R0。

2

PROJECT

表 2-8　万能钻循环代码应用

程序段	参数说明
CYCL DEF203 UNIVERSAL DRILLING	
Q200 = 2	1）安全高度 Q200（增量值）：刀尖与工件表面之间的距离
Q201 = -20	2）深度 Q201（增量值）：工件表面与孔底（钻头尖）之间的距离
Q206 = 150	3）切入进给速率 Q206：钻孔时刀具的移动速率，单位为 mm/min
Q202 = 5	4）切入深度 Q202（增量值）：每刀进给量。钻孔深度不必是切入深度的整倍数。当切入深度大于等于整个孔的深度时，整个孔深加工将一次完成
Q210 = 0	5）顶部停顿时间 Q210：刀具自孔内退出进行排屑时，刀具在安全高度处的停留时间，单位为 s
Q203 = +20	6）工件表面坐标 Q203（绝对值）：工件表面的坐标
Q204 = 50	7）第二安全高度 Q204（增量值）：刀具轴坐标，在此坐标位置下刀具与工件（或夹具）不会发生碰撞
Q212 = 0.2	8）减量 Q212（增量值）：刀具每次进给，iTNC 530 数控系统将控制减小的切入深度 Q202 的值
Q213 = 3 Q205 = 3 Q211 = 0.25	9）断屑次数 Q213：断屑时，iTNC 530 数控系统控制刀具从孔中退出，以便排屑
Q208 = 500	10）退刀速率 Q208：刀具自孔中退出时的移动速率。如果输入 Q208 = 0，刀具将以切入进给速率退刀
Q256 = 0.2	11）断屑距离 Q256（增量值）：断屑时 iTNC 530 数控系统控制的退刀值

2）循环参数 DEPTH（深度）的代数符号决定加工方向，如果编程定义 DEPTH = 0，则这个循环将不被执行。

3）注意避免碰撞。如果输入了正深度，iTNC 530 数控系统将反向计算预定位，即刀具沿刀具轴快速移至低于工件表面的安全高度处。

五、万能啄钻（CYCL DEF205）

1. 万能啄钻动作过程（图 2-12）

1）iTNC 530 数控系统以快速移动速率 FMAX，将刀具定位至加工面之上的编程安全高度处。

2）如果程序中已定义加深的起点，iTNC 530 数控系统将以定义的定位进给速率将刀具移至加深起点之上的安全高度处。

3）刀具以编程进给速率 F 钻至第一切入深度。

4）如果编写了断屑程序，刀具将按输入的退刀速率退刀。如果无断屑步骤，刀具将以快速移动速率 FMAX 退至安全高度处，再以快速移动速率 FMAX 移至第一切入深度之上的起点位置处。

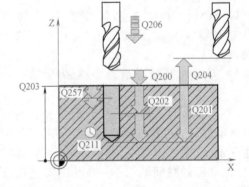

图 2-12　万能啄钻（CYCL DEF205）

5）刀具以编程进给速率再次进刀钻至下一个深度。如果进行了相应的编程，刀具每次进给的切入深度将递减。

6）iTNC 530 数控系统重复上述过程（2~4 步），直至达到编程孔深为止。

7）如果程序中已定义停顿时间，刀具将在孔底停顿相应的时间，以便进行断屑。然后以编程进给速率退至安全高度处。如果程序中已定义第二安全高度，则刀具以快速移动速率 FMAX 移至第二安全高度处。

2. 万能啄钻编程示例

万能啄钻循环属于海德汉系统中比较特殊的功能，采用万能啄钻循环代码的程序参数说明见表2-9。

表2-9　万能啄钻循环代码应用

程序段	参数说明
11 CYCL DEF205 UNIVERSAL PECKING	
Q200 = 2	1）安全高度 Q200（增量值）：刀尖与工件表面之间的距离
Q201 = −80	2）深度 Q201（增量值）：工件表面与孔底（钻头尖）之间的距离
Q206 = 150	3）切入进给速率 Q206：钻孔时刀具的移动速率，单位为 mm/min
Q202 = 15	4）切入深度 Q202（增量值）：每刀进给量。钻孔深度不必是切入深度的整倍数。当切入深度大于等于整个孔的深度时，整个孔深加工将一次完成
Q203 = +100	5）工件表面坐标 Q203（绝对值）：工件表面的坐标
Q204 = 50	6）第二安全高度 Q204（增量值）：刀具轴坐标，在此坐标位置下刀具与工件（或夹具）不会发生碰撞
Q212 = 0.5	7）减量 Q212（增量值）：刀具每次进给，iTNC 530 数控系统将控制减小的切入深度 Q202 的值
Q205 = 3	8）最小切入深度 Q205（增量值）：如果已定义减量值 Q212，iTNC 530 数控系统将把最小切入深度限制为 Q205 定义的值
Q258 = 0.5	9）上预停距离 Q258（增量值）：刀具由孔退离后，iTNC 530 数控系统将刀具再次移至当前切入深度位置时进行快速移动定位的安全高度；为第一切入深度值
Q259 = 1	10）下预停距离 Q259（增量值）：刀具由孔退离后，iTNC 530 数控系统将刀具再次移至当前切入深度位置时进行快速移动定位的安全高度；为最后一个切入深度值
Q257 = 5	11）断屑深度 Q257（增量值）：iTNC 530 数控系统执行断屑工序时的深度，如果输入 0 则不断屑
Q256 = 0.2	12）断屑距离 Q256（增量值）：断屑时 iTNC 530 数控系统的退刀值
Q211 = 0.25	13）底部停顿时间 Q211：刀具在孔底的停留时间，单位为 s
Q379 = 7.5	14）起点位置 Q379（相对于工件表面的增量值）：可用短的刀具将定位孔钻至一定深度，作为钻孔的起点位置。iTNC 530 数控系统以预定位进给速率将刀具由安全高度处移至加深的起点位置
Q253 = 750	15）预定位进给速率 Q253：由安全高度处移至加深起点位置过程中刀具的移动速率，单位为 mm/min。只有当 Q379 输入的值非 0 时才有效

3. 注意事项

1）编程时定位坐标半径补偿为 R0。

2）循环参数 DEPTH（深度）的代数符号决定加工方向，如果编程定义 DEPTH = 0，这个循环将不被执行。

3）注意避免碰撞。如果输入了正深度，iTNC 530 数控系统将反向计算预定位，即刀具沿刀具轴快速移至低于工件表面的安全高度处。

六、浮动夹头攻螺纹（CYCL DEF206）

1. 浮动夹头攻螺纹动作过程（图 2-13）

1）iTNC 530 数控系统以快速移动速率 FMAX，将刀具定位至加工面之上的编程安全高度处。

2）刀具一次性钻至孔底。

3）刀具一旦到达孔底，主轴将反向旋转，在停顿时间结束后退刀至安全高度处。如果程序中已定义第二安全高度，则刀具以快速移动速率 FMAX 移至第二安全高度处。

4）在安全高度处，主轴的旋转方向再次反转。

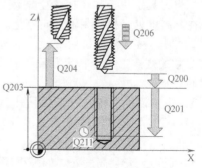

图 2-13　采用浮动夹头攻螺纹
（CYCL DEF206）

2. 浮动夹头攻螺纹编程示例

浮动夹头攻螺纹循环属于海德汉系统中比较特殊的功能，采用浮动夹头攻螺纹循环代码的程序参数说明见表2-10。

表2-10　浮动夹头攻螺纹循环代码应用

程序段	参数说明
25 CYCL DEF206 TAPPING NEW	
Q200 = 2	1)安全高度 Q200（增量值）：刀尖（起点位置）与工件表面之间的距离。标准值约为螺距的4倍
Q201 = -20	2)深度 Q201（螺纹长度，增量值）：工件表面与螺纹末端之间的距离
Q206 = 150	3)切入进给速率 Q206：攻螺纹时刀具的移动速率
Q211 = 0.25	4)底部停顿时间 Q211：输入 0~0.5s 之间的值，以避免退刀时卡刀
Q203 = +25	5)工件表面坐标 Q203（绝对值）：工件表面的坐标
Q204 = 50	6)第二安全高度 Q204（增量值）：刀具轴坐标，在此坐标位置下刀具与工件（或夹具）不会发生碰撞

注：1. 攻螺纹过程中，可通过机床停止按钮中断程序运行，iTNC 530 数控系统将显示退刀软键，利用该软键退刀。
2. 进给速率计算公式：$F = SP$
　F 为进给速率（mm/min）；S 为主轴转速（r/min）；P 为螺距（mm）。

3. 注意事项

1）编程时定位坐标半径补偿为 R0。

2）循环参数 DEPTH（深度）的代数符号决定加工方向，如果编程定义 DEPTH = 0，这个循环将不被执行。

3）注意避免碰撞。如果输入了正深度，iTNC 530 数控系统将反向计算预定位，即刀具沿刀具轴快速移至低于工件表面的安全高度处。

4）浮动夹头攻螺纹过程中，必须补偿进给速率与主轴转速之差。

5）循环运行时，主轴转速倍率调节旋钮将被禁用。进给速率倍率调节钮旋仅在有限的范围内起作用，其范围由机床制造商确定（参见机床操作手册）。

6）加工右旋螺纹时，用 M3 启动主轴旋转；加工左旋螺纹时，用 M4 启动主轴旋转。

七、断屑攻螺纹（CYCL DEF209）

1. **断屑攻螺纹动作过程**（图 2-14）

断屑攻螺纹过程中，刀具将多次进给加工螺纹，直至达到编程孔深为止。可以通过参数来定义是否需要将刀具从孔中全部退出以进行排屑。

1）iTNC 530 数控系统以快速移动速率 FMAX 将刀具定位至加工面之上的编程安全高度处。在此高度处，执行主轴定向停止。

2）刀具移至编程进给深度，主轴反向旋转并按参数的规定退刀至特定距离处，或完全退出以进行排屑。

3）主轴恢复正转并进刀至下一个进给深度。

4）iTNC 530 数控系统重复上述过程（2~3 步），直至达到编程螺纹深度为止。

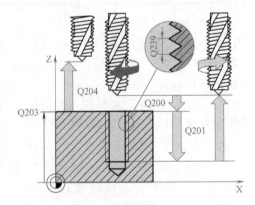

图 2-14　断屑攻螺纹（CYCL DEF209）

5）退刀至安全高度处。如果程序中已定义第二安全高度，则刀具以快速移动速率 FMAX 移至第二安全高度处。

6）iTNC 530 数控系统在最终安全高度处控制停止主轴转动。

2. 断屑攻螺纹编程示例

断屑攻螺纹循环属于海德汉系统中比较特殊的功能,采用断屑攻螺纹循环代码的程序参数说明见表 2-11。

表 2-11　断屑攻螺纹循环代码应用

程序段	参数说明
26 CYCL DEF209 TAPPING W/CHIP BRKG	
Q200 = 2	1) 安全高度 Q200 (增量值):刀尖(起点位置)与工件表面之间的距离
Q201 = -20	2) 深度 Q201 (螺纹长度,增量值):工件表面与螺纹末端之间的距离
Q239 = +1	3) 螺距 Q239:螺距。右旋螺纹和左旋螺纹由代数符号加以区分:"+"代表右旋螺纹,"-"代表左旋螺纹
Q203 = +25	4) 工件表面坐标 Q203 (绝对值):工件表面的坐标
Q204 = 50	5) 第二安全高度 Q204 (增量值):刀具轴坐标,在此坐标位置下刀具与工件(或夹具)不会发生碰撞
Q257 = 5	6) 断屑深度 Q257 (增量值):iTNC 530 数控系统执行断屑工序时的深度
Q256 = +25	7) 断屑距离 Q256:iTNC 530 数控系统将 Q239 螺距值与 Q256 编程值相乘,并在断屑时按计算值退刀。如果输入 Q256 = 0,iTNC 530 数控系统将刀具由孔中完全退出(至安全高度处)以进行排屑
Q336 = 50	8) 主轴定向角 Q336 (绝对值):加工螺纹前 iTNC 530 数控系统用于定位刀具的角度,这样可以在需要时重新加工螺纹

3. 注意事项

1) 编程时定位坐标半径补偿为 R0。

2) 循环参数 DEPTH (深度) 的代数符号决定加工方向,如果编程 DEPTH = 0,这个循环将不被执行。

3) 注意避免碰撞。如果输入了正深度,iTNC 530 数控系统将反向计算预定位,即刀具沿刀具轴快速移至低于工件表面的安全高度处。

4) 循环运行时,主轴转速倍率调节旋钮将被禁用。进给速率倍率调节钮旋仅在有限的范围内起作用,其范围由机床制造商确定 (参见机床操作手册)。

5) 加工右旋螺纹时,用 M3 启动主轴旋转;加工左旋螺纹时,用 M4 启动主轴旋转。

6) 程序中断后退刀。如果螺纹加工过程中用机床停止按钮中断程序运行,iTNC 530 数控系统将显示 "MANUAL OPERATION" (手动操作) 软键,按 "MANUAL　OPERATION" 软键,将在程序控制下退刀。

八、螺纹铣削

1. 螺纹铣削的前提条件

1) 机床应具有主轴内冷系统 (冷却液压力至少为 3MPa,压缩空气压力至少为 0.6MPa)。

2) 铣削螺纹时常会导致螺牙变形。为避免螺牙变形,需要用到刀库或刀具制造商所提供的相关刀具补偿值。即编程中需要在调用刀具时用刀具半径的 DR 差值进行补偿。

3) 循环功能 262、263、264 和 267 仅用于右旋刀具,循环功能 265 可用于右旋和左旋刀具。

4) 加工方向由以下参数确定:代数符号 Q239 (右旋螺纹/左旋螺纹) 和铣削方法 Q351 (顺铣/ = 逆铣),各输入参数之间的关系见表 2-12。

2. 注意事项

1) 对各进给操作的编程一定要用相同的代数符号。循环由相互独立的多个加工步骤组成,确定加工方向的优先顺序分别在各个循环中说明。例如,如果只想重复运行循环中的沉孔加工步骤,那么就将螺纹深度设为 0,这样加工方向将由沉孔深度决定。

2

PROJECT

表 2-12　螺纹铣削参数设置说明表

螺纹铣削参数	旋向符号	铣削方法符号	加工方向符号
右旋、顺铣	+	+1(RL)	Z+
左旋、逆铣	−	−1(RR)	Z+
右旋、逆铣	+	−1(RR)	Z−
左旋、顺铣	−	+1(RL)	Z−

2）断刀的处理方法：如果在螺纹加工过程中发生断刀，那么应先停止程序运行，切换到"手动输入数据定位"操作模式，并将刀具沿线性路径移至孔的中心位置；然后沿进给轴退刀并更换刀具。

九、内螺纹铣削（CYCL DEF262）

1. 内螺纹铣削动作过程（图 2-15）

1）iTNC 530 数控系统以快速移动速率 FMAX 将刀具定位至加工面之上的编程安全高度处。

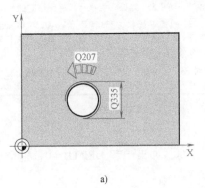
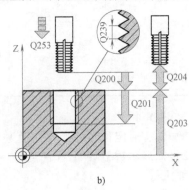

图 2-15　内螺纹铣削（CYCL DEF262）

2）刀具以预定位编程进给速率移至起始面。起始面由螺距代数符号、铣削方式（顺铣/逆铣）及每步加工的螺纹扣数决定。

3）刀具沿螺旋线运动相切接近螺纹直径。接近螺旋线前，执行刀具轴补偿运动，以便在编程的起始面处开始螺纹铣削。

4）根据螺纹扣数参数的设置情况，刀具以一种、多种速度，或一个连续的螺旋运动来铣削螺纹。

5）螺纹铣削完成后，刀具沿切线方向退离轮廓并返回至加工面的起点。

6）循环结束时，iTNC 530 数控系统以快速移动速率退刀至安全高度处，或按编程要求退至第二安全高度处。

2. 内螺纹铣削编程示例

内螺纹铣削循环的应用方法与其他功能的应用大体类似，采用内螺纹铣削循环代码的程序参数说明见表 2-13。

铣削刀具类型及参数如图 2-16 所示。

3. 注意事项

1）以半径补偿 R0，在加工面的起点（孔圆心）编写一个定位程序段。

2）螺纹深度循环参数的代数符号决定加工方向。如果将螺距编程为 DEPTH = 0，这个循环将不被执行。

3）螺纹铣刀加入加工时，应按内切方向切入。若刀具运动轨迹形成的圆弧直径，小于螺纹直径的 1/4，则较难实现内切方向切入加工，应设置预定位置，适当避让工件螺纹内径部位，以免发生干涉。

表 2-13　内螺纹铣削循环代码应用

程序段	参数说明
25 CYCL DEF262 THREAD MILLING	
Q335 = 10	1）名义直径 Q335：螺纹名义直径
Q239 = +1.5	2）螺距 Q239：螺距。右旋螺纹和左旋螺纹由代数符号加以区分："+"代表右旋螺纹，"-"代表左旋螺纹
Q201 = -20	3）螺纹深度 Q201（螺纹长度，增量值）：工件表面与螺纹末端之间的距离
Q355 = 0	4）每步加工螺纹数 Q355：偏置刀具的扣数，各数值含义如下（图 2-16）： 0：一个螺旋线路径加工一个螺纹 1：螺纹总长范围内仅一个连续的螺旋线路径 >1：接近或退离多个螺旋线路径；在各螺旋线路径间，iTNC 530 数控系统将按 Q355 定义值与螺距的乘积偏置刀具
Q253 = 750	5）预定位进给速率 Q253：刀具移入、移出工件的速度，单位为 mm/min
Q351 = +1	6）顺铣或逆铣 Q351：用指令 M03 铣削的加工类型，"+1"代表顺铣，"-1"代表逆铣
Q200 = 2	7）安全高度 Q200（增量值）：刀尖与工件表面之间的距离
Q203 = +30	8）工件表面坐标 Q203（绝对值）：工件表面的坐标
Q204 = 50	9）第二安全高度 Q204（增量值）：刀具轴坐标，在此坐标位置下刀具与工件（或夹具）不会发生碰撞
Q207 = 500	10）铣削进给速率 Q207：铣削时刀具的移动速率，单位为 mm/min

4）iTNC 530 数控系统控制刀具在开始接近工件前沿刀具轴做补偿运动。补偿运动的长度取决于螺距，同时必须要保证孔内有足够的空间。

十、外螺纹铣削（CYCL DEF267）

1．外螺纹铣削动作过程（图 2-17）

1）iTNC 530 数控系统以快速移动速率 FMAX，将刀具定位至加工面之上的编程安全高度处。

2）iTNC 530 数控系统控制刀具沿加工面的参考轴由凸台中心移至正面沉孔的起点处。起点位置由螺纹半径、刀具半径和螺距决定。

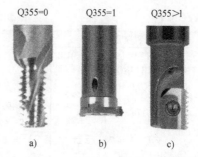

图 2-16　铣削刀具类型及参数

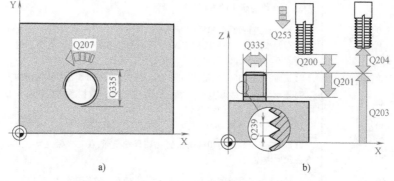

图 2-17　铣外螺纹（CYCL DEF267）

3）刀具以预定位进给速率移至正面沉孔底部。

4）iTNC 530 数控系统由半圆圆心将刀具无补偿地定位到正面偏置位置处，然后以进给速率沿圆弧路径加工沉孔。

5）刀具沿半圆路径移至起点。

2 PROJECT

6）螺纹铣削起点即正面沉孔的起点。如果正面没有加工沉孔，iTNC 530 数控系统将刀具定位至起点处。

7）刀具以预定位进给速率移至起始面。起始面由螺距代数符号、铣削方式（顺铣/逆铣）及每步加工的螺纹扣数决定。

8）刀具沿螺旋线运动相切接近螺纹直径。

9）根据螺纹扣数参数的设置情况，刀具以一种、多种速度，或一个连续的螺旋运动来铣削螺纹。

10）螺纹铣削完成后，刀具沿切线方向退离轮廓并返回至加工面的起点。

11）循环结束时，iTNC 530 数控系统以快速移动速率退刀至安全高度处，或按编程要求退至第二安全高度处。

2. 外螺纹铣削编程示例

外螺纹铣削循环的应用方法与其他功能的应用大体类似，采用外螺纹铣削循环代码的程序参数说明见表 2-14。

3. 注意事项

1）以半径补偿 R0，在加工面起点（凸台中心）编写一个定位程序段。

2）应提前确定加工正面沉孔所需的偏移量。必须输入凸台中心至刀具中心（未修正值）的值。

表 2-14　外螺纹铣削循环代码应用

程序段	参数说明
25 CYCL DEF267 OUTSIDE THREAD MILLING	
Q335 = 10	1）名义直径 Q335：螺纹名义直径
Q239 = +1.5	2）螺距 Q239：螺距。右旋螺纹和左旋螺纹由代数符号加以区分："+"代表右旋螺纹，"-"代表左旋螺纹
Q201 = -20	3）螺纹深度 Q201（螺纹长度，增量值）：工件表面与螺纹末端之间的距离
Q355 = 0	4）每步加工螺纹数 Q355：偏置刀具的扣数，各数值含义如下： 　　0：一条螺旋线路径加工一个螺纹 　　1：螺纹总长范围内仅一个连续的螺旋线路径 　　>1：接近和退离的多个螺旋线路径；在各螺旋线路径间，iTNC 530 数控系统将按 Q355 定义值与螺距的乘积偏置刀具
Q235 = 750	5）预定位进给速率 Q253：刀具移入、移出工件的速度，单位为 mm/min
Q351 = +1	6）顺铣或逆铣 Q351：用指令 M03 铣削的加工类型，"+1"代表顺铣，"-1"代表逆铣
Q200 = 2	7）安全高度 Q200（增量值）：刀尖与工件表面之间的距离
Q358 = +0	8）正面深度 Q358（增量值）：刀尖与工件顶面间用于在刀具正面加工沉孔的距离
Q359 = +0	9）正面沉孔偏移量 Q359（增量值）：iTNC 530 数控系统将刀具中心偏移凸台中心的距离
Q203 = +30	10）工件表面坐标 Q203（绝对值）：工件表面的坐标
Q204 = 50	11）第二安全高度 Q204（增量值）：刀具轴坐标，在此坐标位置下刀具与工件（或夹具）不会发生碰撞
Q254 = 150	12）沉孔加工进给速率 Q254：加工沉孔时刀具的移动速率，单位为 mm/min
Q207 = 500	13）铣削进给速率 Q207：铣削时刀具的移动速率，单位为 mm/min

3）螺纹深度或正面沉孔深度循环参数的代数符号决定加工方向。加工方向按如下顺序确定：第 1：螺纹深度；第 2：正面沉孔深度。如果将深度参数编程为 0，iTNC 530 数控系统将不执行该循环。

任务三　面铣削加工循环代码编程

任务描述

通过本任务掌握常用的面铣加工指令和子程序编程方式的应用。

相关知识

一、面铣（CYCL DEF232）

1. 面铣深度分层铣削

面铣循环可实现深度分层铣削，同时还可设置精铣余量。面铣循环走刀方式有三种，参数设置及走刀示意图见表2-15。

表2-15　面铣循环走刀方式参数设置及示意图

参数设置	走刀示意图
Q389=0：折线加工，在被加工的表面外步进	
Q389=1：折线加工，在被加工的表面内步进	
Q389=2：平行加工，以定位进给速率退刀及步进	

2. 面铣编程示例

面铣循环功能在产品加工中应用广泛，编程操作简单，采用面铣循环代码的程序参数说明见表2-16。

表2-16　面铣循环代码应用

程序段	参数说明
71 CYCL DEF232 FACE MILLING 　　　Q389=2 　　　Q225=+10 　　　Q226=+12	1）加工方式 Q389：为 iTNC 530 数控系统指定表面加工的方式 2）第一轴的起点 Q225（绝对值）：被加工表面在加工面上沿参考轴的起点坐标 3）第二轴的起点 Q226（绝对值）：具有多条铣削路径的表面在加工面上沿次要轴的起点坐标

2

PROJECT

（续）

程序段	参数说明
Q227 = +2.5 Q386 = -3	4）第三轴的起点 Q227（绝对值）：用于计算进给量的工件表面坐标 5）第三轴终点 Q386（绝对值）：被铣端面沿主坐标轴的坐标
Q218 = 150	6）第一边长 Q218（增量值）：被加工表面在加工面上沿参考轴的长度。用代数符号指定相对第一轴起点第一铣削路径的方向
Q219 = 75	7）第二边长 Q219（增量值）：被加工表面在加工面上沿次要轴的长度。用代数符号指定相对第二轴起点第一步进铣削的方向
Q202 = 2	8）最大切入深度 Q202（增量值）：每次进刀的最大进给量。iTNC 530 数控系统由刀具轴轴上的起点和终点之差计算实际切入深度（考虑精铣余量），以保证每次进给深度相同
Q369 = 0.5	9）精铣底面余量 Q369（增量值）：用于最后一次进给的距离
Q370 = 1	10）最大行距系数 Q370：最大行距系数 k。由第二边长（Q219）和刀具半径计算实际步进量，以便用相同的步进量进行加工。如果刀具表中定义了半径 R2（如采用面铣刀时的刀刃半径），iTNC 530 数控系统将相应减少步进量
Q207 = 500 Q385 = 800	11）铣削进给速率 Q207：铣削时刀具的移动速率，单位为 mm/min 12）精铣进给速率 Q385：最后一次进给铣削时刀具的移动速率，单位为 mm/min
Q253 = 2000	13）预定位进给速率 Q253：刀具接近起点和移至下一路径时的移动速率，单位为 mm/min。如果横向移入工件（Q389=1），iTNC 530 数控系统将以铣削进给速率 Q207 移动刀具
Q200 = 2	14）安全高度 Q200（增量值）：刀尖与沿刀具轴轴起点位置之间的距离。如果加工方法 Q389=2，iTNC 530 数控系统将把位于当前切入深度之上安全高度处的刀具移至下一路径的起点处
Q357 = 2	15）侧面安全距离 Q357（增量值）：刀具接近第一切入深度时刀具距侧边的安全距离，如果加工方法 Q389=0 或 Q389=2，这个距离将发生步进
Q204 = 2 Q200 = 2	16）第二安全高度 Q204（增量值）：刀具轴坐标，在此坐标位置下刀具与工件（或夹具）不会发生碰撞

3. 注意事项

设置第二安全高度 Q204，以便刀具和夹具不发生碰撞。

二、子程序

为了简化程序，iTNC 530 数控系统提供了子程序定义与调用功能。利用子程序和程序块重复功能，只需对加工过程编写一次程序，之后便可以多次调用运行。

1. 标记子程序

零件程序中的子程序及程序块重复的开始处具有标记。标记是由 1～254 之间的数字作为标识。在一个程序中，一个标识只能用 LABEL SET（标记设置）设置一次。LABEL 0（LBL 0）只能用于标记子程序的结束，因此可以使用任意次。子程序结构见表 2-17，标记子程序可使用软键 ◨。

表 2-17 子程序结构表

程序段	结构说明
LABEL 1	标记子程序名为 1
L X50 Y60 F2000 …… ……	子程序内容
LABEL 0	子程序结束

2. 调用子程序

调用子程序可使用软键 ◨。

（1）程序运行顺序（图 2-18）

1）iTNC 530 数控系统顺序执行零件程序直到出现"CALL LBL"，改变程序顺序为止。

2）调用子程序的程序段。

3）从子程序起点执行到子程序结束（LBL 0 标记结束）。

4）iTNC 530 数控系统在子程序调用程序段之后，开始恢复运行零件的下一行程序。

（2）注意事项

1）一个主程序最多可以有 254 个子程序。

2）子程序的调用顺序没有限制，也没有调用次数限制。

3）不允许子程序调用自身。

4）在主程序结束处编写子程序（在 M02 或 M30 程序段之后）。如果子程序位于 M02 或 M30 所在的程序段之前，那么即使没有调用，也至少会被执行一次。

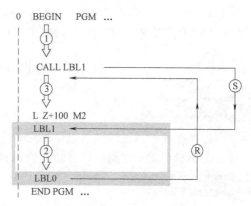

图 2-18　子程序的调用与运行

三、程序块

使用 <LBL SET> 键并输入"LABEL NUMBER"（标记编号），标记想要重复运行的程序块。用编程语句"CALL LBL /REP"标记程序块的重复运行。

1. 程序运行顺序

1）iTNC 530 数控系统顺序执行零件程序，直到程序块重复运行定义处（CALL LBL/REP）为止。

2）然后，被调用的 LBL 和调用标记之间的程序块将被重复运行，运行次数为 REP 定义的值。

3）程序块最后一次重复运行结束后，iTNC 530 数控系统将恢复零件程序运行顺序。

2. 编程示例

"CALL LBL 2 REP 2/2"指调用子程序 2，并重复运行两次。

3. 注意事项

1）最多允许程序块连续重复运行 65534 次。

2）iTNC 530 数控系统执行的程序块运行次数一定比编程的重复运行次数多一次。

四、程序调用（图 2-19）

1. 程序运行顺序

1）iTNC 530 数控系统顺序执行零件程序，直到编程语句"CALL PGM"调用另一个程序为止。

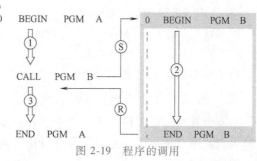

图 2-19　程序的调用

2）完整执行另一个程序。

3）iTNC 530 数控系统在程序调用程序段之后，开始恢复零件程序运行。

2. 注意事项

1）将主程序按子程序调用无须任何标记。

2）被调用的程序不允许含有辅助功能 M02 或 M30。

3）被调用的程序不允许含有通过"CALL PGM"语句调用的程序，否则将导致死循环。

2 PROJECT

4）调用的程序必须保存在 iTNC 530 数控系统的系统硬盘上。

5）编程时，如果被调用的程序与发出调用命令的程序在相同目录下，则只需输入程序名。

如果被调用的程序与发出调用命令的程序不在相同目录下，则必须输入完整路径，如 "iTNC 530 数控系统：\ZW35\SCHRUPP\PGM1. H"。

任务四　回转面与定位加工编程

任务描述

通过本任务学习回转面与定位加工程序编制，掌握其应用规则，包括五轴编程原点设置、回转面定位加工以及空间角定义加工面编程等。

相关知识

一、原点偏移（CYCL DEF7）

1）通过原点偏移功能可以在工件的多个不同位置进行重复加工操作，如图 2-20 所示。启用原点偏移后，坐标系所显示的实际位置值是相对当前原点的（平移后的）数据。

2）启用原点偏移功能，只需定义出各坐标（X/Y/Z）实际要偏移的数值。

程序示例：

……

13 CYCL DEF7. 0 DATUM SHIFT

14 CYCL DEF7. 1 X+60

16 CYCL DEF7. 3 Z-5

15 CYCL DEF7. 2 Y+40

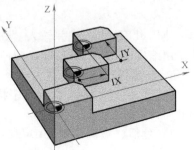

图 2-20　原点偏移

3）取消原点偏移功能，输入原点原坐标值（X＝0、Y＝0、Z＝0）即可。

程序示例：

……

13 CYCL DEF7. 0 DATUM SHIFT

14 CYCL DEF7. 1 　X 0

16 CYCL DEF7. 3 　Y 0

15 CYCL DEF7. 2 　Z 0

二、原点设置（CYCL DEF247）

原点设置功能可以启动预设表中预设的原点作为新原点。启动原点设置功能后，全部坐标输入值和原点偏移值（绝对值和增量值）均将参考新原点。

程序示例：

13 CYCL DEF247 DATUM SETTING

Q339＝4;原点号

iTNC 530 数控系统只设置预设表中已定义坐标轴的预设原点。如果坐标轴原点标有"－"，原点将保持不变。如果启动预设原点号 0（行 0），那么将启动最后一次手动操作模式中手动设置的原点。在测试运行操作模式下，原点设置功能不起作用。

三、回转面定位加工（CYCL DEF19）

iTNC 530 数控系统支持在带有回转铣头及回转工作台的加工机床上加工回转面。此时的加工面将围绕启用的零点回转，主要用于加工倾斜孔或空间轮廓中的环。

1. 定义回转平面

回转面定位加工功能基于机床固定坐标系的刀具轴位置，通过输入回转角度实现。如图 2-21 所示，可以从相对机床固定坐标系三个坐标轴偏转程度（空间角 A/B/C）的角度描述加工面位置。

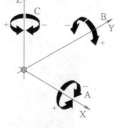

程序示例：

CYCL DEF 19.0　workplane

CYCL DEF19.1 A+0 B+0 C+0

1）A：围绕 X 轴的旋转角；B：围绕 Y 轴的旋转角；C：围绕 Z 轴的旋转角。

2）角度说明：逆着坐标轴正方向观看，顺时针旋转表示负的角度，逆时针旋转表示正的角度。

图 2-21　回转面定位加工坐标轴

2. 调用与复位回转平面功能

通过空间角对加工面位置定位编程时，iTNC 530 数控系统将自动计算回转轴角度并将其存放在参数中：Q120（A 轴），Q121（B 轴），Q122（C 轴），回转面定位加工编程应用见表 2-18。

3. 程序中断处理

如果机床具有回转铣头（B 轴）结构，当带有回转面定位加工循环功能的加工程序中断时，可以通过"3D ROT"功能使刀具轴再次移动到安全位置。操作步骤如下：

1）在手动操作模式中，选择功能键 3D ROT。

2）选择控制面板左下角的轴向退刀功能键。

表 2-18　回转面定位加工编程应用

仿真示意图	程序说明
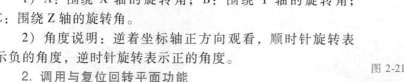	1）启动工作台回转：带有回转工作台结构的机床，B 轴转动 45°。 25 CYCL DEF19.0　WORKING PLANE 　　A+0 　　B+45 　　C+0 26 L B+Q121　L C+Q122（或 L A+Q120　L C+Q122） 2）复位工作台回转：重新定义功能循环，并将所有转角设为 0°；紧接再次定义功能循环，并用<NO ENT>键确认询问，由此取消该功能。程序示例： 25 CYCL DEF19.0　WORKING PLANE 　　CYCL DEF19.1 A+0 B+0 C+0 26 CYCL DEF19.0　WORKING PLANE 　　CYCL DEF19.1

3）在 MDI 模式下输入：　CYCL DEF19.0　WORKING PLANE

　　　　　　　　　　　　　CYCL DEF19.1 A+0 B+0 C+0

　　　　　　　　　　　　　CYCL DEF19.0　WORKING PLANE

　　　　　　　　　　　　　CYCL DEF19.1

4）机床各轴恢复到原始状态。

四、空间角定义加工面 PLANE SPATIAL

1. PLANE SPATIAL 功能概述

通过最多三个围绕机床固定坐标系坐标轴旋转的空间角定义一个加工面，应严格遵守旋转顺序：先围绕 X 轴旋转（空间角 A），然后围绕 Y 轴旋转（空间角 B），再围绕 Z 轴旋转（空间角 C），如图 2-22 所示。如果回转面定位加工循环功能 19 中将输入项定义为空间角，该功能相当于循环功能 19。

编程时，即使三个空间角 SPA、SPB 和 SPC 中有 0 值，也必须得到定义。而 SPA、SPB 和 SPC 三个空间角相对坐标轴的旋转顺序与当前刀具轴无关。

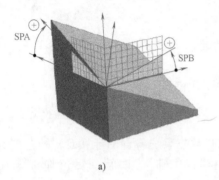

a)

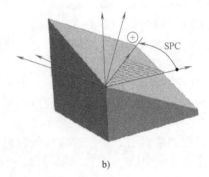

b)

图 2-22　空间角

2. PLANE SPATIAL 参数解释（表 2-19）

表 2-19　PLANE SPATIAL 参数解释

代号	含义	备注
SPATIAL	空间角	包含 SPA、SPB、SPC
SPA	围绕 X 轴旋转的空间角 A	−359.9999° ~ +359.9999°
SPB	围绕 Y 轴旋转的空间角 B	−359.9999° ~ +359.9999°
SPC	围绕 Z 轴旋转的空间角 C	−359.9999° ~ +359.9999°

程序示例：PLANE SPATIAL SPA+27 SPB+0 SPC+45

3. PLANE SPATIAL 功能的定位特性

无论使用哪一个空间角来定义倾斜加工面，都具有如下定位特性：

1）自动定位。自动定位方式有三种，如图 2-23 所示。

2）MOVE：空间角功能自动将旋转轴定位到所计算的位置处，刀具相对工件的位置保持不变。iTNC 530 数控系统将在线性轴上执行补偿运动，必须定义以下两个参数：

① 刀间距离-旋转中心（增量式）：iTNC 530 数控系统可相对刀尖倾斜刀具（或工作台），设置的参数将改变相对当前刀尖位置的定位运动的旋转中心。

② 进给速率 F：用于定位刀具的轮廓加工速率。

4. 空间角定义加工面编程示例

PLANE SPATIAL 功能的编程应用广泛，简单易懂，但需要注意的细节比较多，需要多加留意才可避免差错。空间角定义加工面编程见表 2-20。

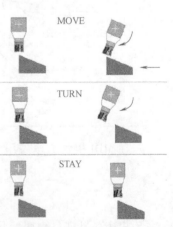

图 2-23　定位方式

表 2-20　PLANE SPATIAL 功能编程示例

程序段	程序说明
12 L Z+250 R0 FMAX	定位在安全高度处
13 PLANE SPATIAL SPA+0 SPB+45 SPC+0 MOVE STUP 50 F2000	定义并启动 PLANE SPATIAL 功能,定义"刀间距离-旋转中心"增量高度、进给速度
14 L A+Q120 C+Q122 F2000	用 iTNC 530 数控系统计算的值定位旋转轴

5. 注意事项

如果定位前刀具与工件已相距给定的距离,那么定位后的刀具仍在相同位置上,如图 2-24a 所示。如果定位前刀具与工件未相距给定的距离,那么定位后的刀具将偏离原位置,如图 2-24b 所示。

TURN（旋转）：PLANE SPATIAL 功能自动将旋转轴定位到所计算的位置处,但只定位旋转轴。iTNC 530 数控系统将不在线性轴上执行补偿运动。如果选择了 TURN 功能选项（PLANE SPATIAL 功能将自动定位轴的位置,但没有补偿运动）,还必须定义进给速率 F。

STAY：需在另一个定位程序段中定位旋转轴。

注意：定位期间,应将刀具预定位至不会与工件（或夹具）碰撞处。

编程实例：将带有 C 轴旋转工作台和 A 轴倾斜工作台的机床定位在空间角 B45°位置处,程序见表 2-21。

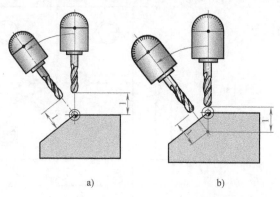

a)　　　　　　　　　　b)

图 2-24　旋转轴 PLANE SPATIAL 功能的定位特性

表 2-21　PLANE SPATIAL 功能编程实例

程序段	程序说明
12 L Z+250 R0 FMAX	定位在安全高度处
13 PLANE SPATIAL SPA+0 SPB+45 SPC+0 STAY	定义并启动 PLANE SPATIAL 功能
14 L A+Q120 C+Q122 F2000	用 iTNC 530 数控系统计算的值定位旋转轴

任务五　综合应用案例分析

🔄 任务描述

通过本任务的学习,掌握常见平面孔位加工循环指令编程知识的综合应用。

🔄 相关知识

一、综合案例分析一

根据图样（图 2-25）综合分析零件加工要求,完成冷冲模具模板加工程序编制。

（一）加工工艺表（表 2-22）

表 2-22　冷冲模具模板加工工艺表

工序	刀具	刀具直径/mm	工序内容
1	FACEM_MILLING_63(面铣刀)硬质合金钢	φ63	铣削 300mm×300mm 平面
2	OUTLINE_MILLING_16(立铣刀)硬质合金钢	φ16	铣削 300mm×300mm 轮廓

（续）

工序	刀具	刀具直径/mm	工序内容
3	CENTER MILLING_10（中心钻）硬质合金钢	ϕ10	打中心孔
4	DRILLING_20（钻头）硬质合金钢	ϕ20	钻 ϕ35mm 孔
5	BORING_34（镗刀）硬质合金钢	ϕ34	粗加工 ϕ35mm 孔
6	BORING_35（镗刀）硬质合金钢	ϕ35	精加工 ϕ35mm 孔
7	DRILLING_10（钻头）硬质合金钢	ϕ10	粗加工 ϕ10.25mm 孔
8	DRILLING_10.25（钻头）硬质合金钢	ϕ10.25	精加工 ϕ10.25mm 孔
9	CHAMFERING_48（倒角刀）	ϕ48	ϕ35mm 孔倒角

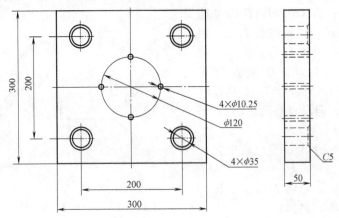

图 2-25 冷冲模具模板

在数控系统中建立刀具列表，如图 2-26 所示。

```
Tool table editing                              Programming
                                                and editing

  File: TOOL.T              MM                           >>
  T   NAME              L          R       R2      DL       OR
  0
  1   FACEM_MILLING_63  +100      +31.5    +0      +0       +0
  2   OUTLINE_MILLING   +100      +8       +0      +0       +0
  3   CENTER_MILLING10  +100      +5       +0      +0       +0
  4   DRILLING_20       +100      +10      +0      +0       +0
  5   BORING_34         +100      +17      +0      +0       +0
  6   BORING_35         +100      +17.5    +0      +0       +0
  7   DRILLING_10       +100      +5       +0      +0       +0
  8   DRILLING_D10.25   +100      +5.125   +0      +0       +0
  9   CHAMFERING_48     +100      +24      +0      +0       +0
  10
  11
  12
  13
  14
  15
  16
```

图 2-26 数控系统刀具列表

（二）加工程序

0　BEGIN PGM chongmoban MM

1　BLK FORM 0.1 Z　X-153　Y-153　Z-80

2　BLK FORM 0.2　X+153　Y+153　Z+0.5

3　CYCL DEF247 DATUM SETTING

　　Q339 = +0　　;DATUM NUMBER

4　TOOL CALL " FACEM_MILLING_63" Z S2000 F1000

5　L　X-180　Y-180　Z+150 R0 FMAX

```
6   * -face milling
7   CYCL DEF230 MULTIPASS MILLING
    Q225 = -150   ; STARTNG PNT 1ST AXIS
    Q226 = -155   ; STARTNG PNT 2ND AXIS
    Q227 = +0     ; STARTNG PNT 3RD AXIS
    Q218 = +300   ; FIRST SIDE LENGTH
    Q219 = +310   ; 2ND SIDE LENGTH
    Q240 = +7     ; NUMBER OF CUTS
    Q206 = +800   ; FEED RATE FOR PLNGNG
    Q207 = +1500  ; FEED RATE FOR MILLNG
    Q209 = +800   ; STEPOVER FEED RATE
    Q200 = +2     ; SET-UP CLEARANCE
8   CYCL CALL M13
9   * -outline milling
10  TOOL CALL "OUTLINE_MILLING" Z S2500 F1500
11  CYCL DEF256 RECTANGULAR STUD
    Q218 = +300   ; FIRST SIDE LENGTH
    Q424 = +350   ; WORKPC. BLANK SIDE 1
    Q219 = +300   ; 2ND SIDE LENGTH
    Q425 = +350   ; WORKPC. BLANK SIDE 2
    Q220 = +0     ; CORNER RADIUS
    Q368 = +0     ; ALLOWANCE FOR SIDE
    Q224 = +0     ; ANGLE OF ROTATION
    Q367 = +0     ; STUD POSITION
    Q207 = +800   ; FEED RATE FOR MILLNG
    Q351 = +1     ; CLIMB OR UP-CUT
    Q201 = -50    ; DEPTH
    Q202 = +5     ; PLUNGING DEPTH
    Q206 = +1000  ; FEED RATE FOR PLNGNG
    Q200 = +2     ; SET-UP CLEARANCE
    Q203 = +0     ; SURFACE COORDINATE
    Q204 = +50    ; 2ND SET-UP CLEARANCE
    Q370 = +1     ; TOOL PATH OVERLAP
12  CYCL CALL POS   X+0   Y+0   Z+0 F2000 M13
13  * -center milling
14  TOOL CALL "CENTER_MILLING10" Z S5000 F800
15  CYCL DEF240 CENTERING
    Q200 = +2     ; SET-UP CLEARANCE
    Q343 = +0     ; SELECT DIA. /DEPTH
    Q201 = -2     ; DEPTH
    Q344 = -10    ; DIAMETER
    Q206 = +200   ; FEED RATE FOR PLNGNG
    Q211 = +0.5   ; DWELL TIME AT DEPTH
```

2

PROJECT

```
        Q203 = +0        ; SURFACE COORDINATE
        Q204 = +50       ; 2ND SET-UP CLEARANCE
16  LBL 101
17  M13
18  CYCL DEF220 POLAR PATTERN
        Q216 = +0        ; CENTER IN 1ST AXIS
        Q217 = +0        ; CENTER IN 2ND AXIS
        Q244 = +120      ; PITCH CIRCLE DIAMETR
        Q245 = +0        ; STARTING ANGLE
        Q246 = +360      ; STOPPING ANGLE
        Q247 = +90       ; STEPPING ANGLE
        Q241 = +4        ; NR OF REPETITIONS
        Q200 = +3        ; SET-UP CLEARANCE
        Q203 = +0        ; SURFACE COORDINATE
        Q204 = +50       ; 2ND SET-UP CLEARANCE
        Q301 = +1        ; MOVE TO CLEARANCE
        Q365 = +0        ; TYPE OF TRAVERSE
19  LBL 0
20  LBL 102
21  M13
22  CYCL DEF221 CARTESIAN PATTERN
        Q225 = -100      ; STARTNG PNT 1ST AXIS
        Q226 = -100      ; STARTNG PNT 2ND AXIS
        Q237 = +200      ; SPACING IN 1ST AXIS
        Q238 = +200      ; SPACING IN 2ND AXIS
        Q242 = +2        ; NUMBER OF COLUMNS
        Q243 = +2        ; NUMBER OF LINES
        Q224 = +0        ; ANGLE OF ROTATION
        Q200 = +3        ; SET-UP CLEARANCE
        Q203 = +0        ; SURFACE COORDINATE
        Q204 = +50       ; 2ND SET-UP CLEARANCE
        Q301 = +1        ; MOVE TO CLEARANCE
23  LBL 0
24  *  -drilling D35
25  TOOL CALL "DRILLING_20" Z S2000 F1500
26  CYCL DEF203 UNIVERSAL DRILLING
        Q200 = +3        ; SET-UP CLEARANCE
        Q201 = -52       ; DEPTH
        Q206 = +300      ; FEED RATE FOR PLNGNG
        Q202 = +5        ; PLUNGING DEPTH
        Q210 = +0        ; DWELL TIME AT TOP
        Q203 = +0        ; SURFACE COORDINATE
        Q204 = +50       ; 2ND SET-UP CLEARANCE
```

```
       Q212 = +0      ;DECREMENT
       Q213 = +3      ;NR OF BREAKS
       Q205 = +2      ;MIN. PLUNGING DEPTH
       Q211 = +1      ;DWELL TIME AT DEPTH
       Q208 = +99999  ;RETRACTION FEED RATE
       Q256 = +0.2    ;DIST FOR CHIP BRKNG
27  CALL LBL 102
28  *  -boring D35
29  TOOL CALL "BORING_34" Z S2000 F1000
30  CYCL DEF208 BORE MILLING
       Q200 = +5      ;SET-UP CLEARANCE
       Q201 = -51     ;DEPTH
       Q206 = +1000   ;FEED RATE FOR PLNGNG
       Q334 = +0.5    ;PLUNGING DEPTH
       Q203 = +0      ;SURFACE COORDINATE
       Q204 = +50     ;2ND SET-UP CLEARANCE
       Q335 = +34.5   ;NOMINAL DIAMETER
       Q342 = +20     ;ROUGHING DIAMETER
       Q351 = +1      ;CLIMB OR UP-CUT
31  CALL LBL 102
32  TOOL CALL "BORING_35" Z S1800 F1000
33  CYCL DEF208 BORE MILLING
       Q200 = +3      ;SET-UP CLEARANCE
       Q201 = -51     ;DEPTH
       Q206 = +800    ;FEED RATE FOR PLNGNG
       Q334 = +0.5    ;PLUNGING DEPTH
       Q203 = +0      ;SURFACE COORDINATE
       Q204 = +50     ;2ND SET-UP CLEARANCE
       Q335 = +35     ;NOMINAL DIAMETER
       Q342 = +19     ;ROUGHING DIAMETER
       Q351 = +1      ;CLIMB OR UP-CUT
34  CALL LBL 102
35  *  -drilling D10.25
36  TOOL CALL "DRILLING_10" Z S3000 F1000
37  CYCL DEF203 UNIVERSAL DRILLING
       Q200 = +4      ;SET-UP CLEARANCE
       Q201 = -50     ;DEPTH
       Q206 = +200    ;FEED RATE FOR PLNGNG
       Q202 = +3      ;PLUNGING DEPTH
       Q210 = +0      ;DWELL TIME AT TOP
       Q203 = +0      ;SURFACE COORDINATE
       Q204 = +50     ;2ND SET-UP CLEARANCE
       Q212 = +6      ;DECREMENT
```

2
PROJECT

```
        Q213 = +2      ; NR OF BREAKS
        Q205 = +2      ; MIN. PLUNGING DEPTH
        Q211 = +0.5    ; DWELL TIME AT DEPTH
        Q208 = +99999  ; RETRACTION FEED RATE
        Q256 = +0.2    ; DIST FOR CHIP BRKNG
    38  CALL LBL 101
    39  TOOL CALL "DRILLING_D10.25" Z S3500 F1500
    40  CYCL DEF203 UNIVERSAL DRILLING
        Q200 = +5      ; SET-UP CLEARANCE
        Q201 = -51     ; DEPTH
        Q206 = +200    ; FEED RATE FOR PLNGNG
        Q202 = +4      ; PLUNGING DEPTH
        Q210 = +0      ; DWELL TIME AT TOP
        Q203 = +0      ; SURFACE COORDINATE
        Q204 = +50     ; 2ND SET-UP CLEARANCE
        Q212 = +6      ; DECREMENT
        Q213 = +2      ; NR OF BREAKS
        Q205 = +2      ; MIN. PLUNGING DEPTH
        Q211 = +0.5    ; DWELL TIME AT DEPTH
        Q208 = +99999  ; RETRACTION FEED RATE
        Q256 = +0.2    ; DIST FOR CHIP BRKNG
    41  CALL LBL 101
    42  * -chamfering
    43  TOOL CALL "CHAMFERING_48" Z S2000 F2000
    44  L  X-180  Y-150  Z+150  R0 FMAX
    45  CYCL DEF240 CENTERING
        Q200 = +5      ; SET-UP CLEARANCE
        Q343 = +0      ; SELECT DIA./DEPTH
        Q201 = -22.5   ; DEPTH
        Q344 = -45     ; DIAMETER
        Q206 = +150    ; FEED RATE FOR PLNGNG
        Q211 = +0.5    ; DWELL TIME AT DEPTH
        Q203 = +0      ; SURFACE COORDINATE
        Q204 = +50     ; 2ND SET-UP CLEARANCE
    46  CALL LBL 102
    47  TOOL CALL 0 Z
    48  END PGM chongmoban MM
```

（三）程序仿真加工效果

将编辑好的程序在数控系统中进行仿真加工，验证程序的正确性，仿真加工结果如图 2-27所示。

二、综合案例分析二

根据图样（图 2-28）综合分析零件加工要求，完成冷冲模具零件加工程序编制。

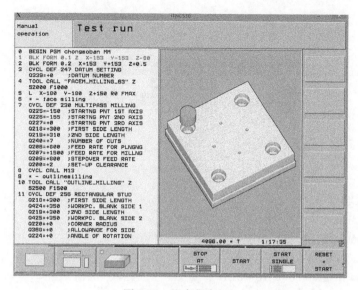

图 2-27 程序仿真加工

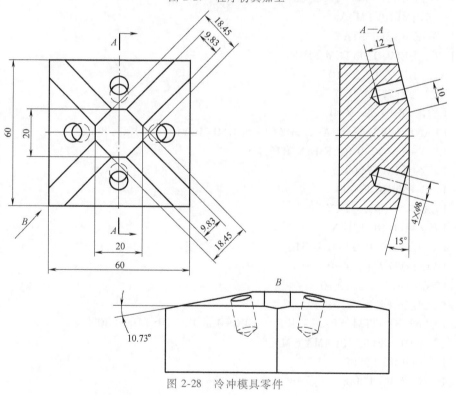

图 2-28 冷冲模具零件

（一）加工工艺表（表 2-23）

表 2-23 冷冲模具零件加工工艺表

工序	刀具	刀具直径/mm	工序内容
1	FACE_MILLING_63（面铣刀）硬质合金钢	$\phi63$	15°坡面加工
2	FACE_MILLING_63（面铣刀）硬质合金钢	$\phi63$	10.73°坡面加工
3	DRILLING_4(钻头）硬质合金钢	$\phi4$	钻 $\phi8mm$ 孔

在数控系统中建立刀具列表，如图 2-29 所示。

2

PROJECT

45

iTNC530

Tool table editing

File: TOOL.T MM

T	NAME	L	R	R2	DL
29	D58	+120	+29	+0	+0
30	D60	+150	+30	+0	+0
31	D63	+150	+31.5	+0	+0
32	FACE-MILLING	+150	+31.5	+0	+0
33	D4	+150	+4	+0	+0

图 2-29 数控系统刀具列表

（二）加工程序

主程序：

```
0  BEGIN PGM 2 MM
1  BLK FORM 0.1 Z  X-30  Y-30  Z-40
2  BLK FORM 0.2  X+30  Y+30  Z+0
3  CYCL DEF247 DATUM SETTING
   Q339=+1      ;DATUM NUMBER
4  TOOL CALL "D63" Z S2500
5  L  Z+150 R0 FMAX
6  PLANE RESET STAY
7  CYCL DEF7.0 DATUM SHIFT
8  CYCL DEF7.1  X+10
9  CYCL DEF7.2  Y+0
10  CYCL DEF7.3  Z+0
11  PLANE SPATIAL SPA+0 SPB+15 SPC+0 MOVE DIST100 F8000
12  L  Y-65  X+0 R0 FMAX M13
13  L  Z+0 R0 F3000
14  L  Y+65 R0 F2000
15  PLANE RESET STAY
16  L  Z+100 R0 FMAX
17  CYCL DEF7.0 DATUM SHIFT
18  CYCL DEF7.1  X+0
19  CYCL DEF7.2  Y+10
20  CYCL DEF7.3  Z+0
21  PLANE SPATIAL SPA-15 SPB+0 SPC+0 MOVE DIST100 F8000
22  L  Y+0  X+65 R0 FMAX M13
23  L  Z+0 R0 F3000
24  L  X-65 R0 F2000
25  PLANE RESET STAY
26  L  Z+100 R0 FMAX
27  CYCL DEF7.0 DATUM SHIFT
28  CYCL DEF7.1  X-10
29  CYCL DEF7.2  Y+0
30  CYCL DEF7.3  Z+0
31  PLANE SPATIAL SPA+0 SPB-15 SPC+0 MOVE DIST100 F8000
32  L  Y+65  X+0 R0 FMAX M13
```

33　L　Z+0 R0 F3000

34　L　Y-65 R0 F2000

35　PLANE RESET STAY

36　L　Z+100 R0 FMAX

37　CYCL DEF7. 0 DATUM SHIFT

38　CYCL DEF7. 1　X+0

39　CYCL DEF7. 2　Y-10

40　CYCL DEF7. 3　Z+0

41　PLANE SPATIAL SPA+15 SPB+0 SPC+0 MOVE DIST100 F8000

42　L　Y+0　X-65 R0 FMAX M13

43　L　Z+0 R0 F3000

44　L　X+65 R0 F2000

45　PLANE RESET STAY

46　L　Z+100 R0 FMAX

47　CYCL DEF7. 0 DATUM SHIFT

48　CYCL DEF7. 1　X+6. 523

49　CYCL DEF7. 2　Y+6. 523

50　CYCL DEF7. 3　Z+0

51　PLANE SPATIAL SPA+0 SPB+10. 73 SPC+45 MOVE DIST100 FMAX COORD ROT

52　L　X-32　Y+0 R0 FMAX M13

53　L　Z+0 R0 F555

54　L　X+32 R0 F3333

55　PLANE RESET STAY

56　L　Z+100 R0 FMAX

57　CYCL DEF7. 0 DATUM SHIFT

58　CYCL DEF7. 1　X-6. 523

59　CYCL DEF7. 2　Y+6. 523

60　CYCL DEF7. 3　Z+0

61　PLANE SPATIAL SPA-10. 73 SPB+0 SPC+45 MOVE DIST100 FMAX COORD ROT

62　L　Y-32　X+0 R0 FMAX M13

63　L　Z+0 R0 F555

64　L　Y+32 R0 F3333

65　PLANE RESET STAY

66　L　Z+100 R0 FMAX

67　CYCL DEF7. 0 DATUM SHIFT

68　CYCL DEF7. 1　X-6. 523

69　CYCL DEF7. 2　Y-6. 523

70　CYCL DEF7. 3　Z+0

71　PLANE SPATIAL SPA+0 SPB-10. 73 SPC+45 MOVE DIST100 FMAX COORD ROT

72　L　X+32　Y+0 R0 FMAX M13

73　L　Z+0 R0 F555

74　L　X-32 R0 F3333

75　PLANE RESET STAY

76　L　Z+100 R0 FMAX

2 PROJECT

```
77   CYCL DEF7. 0 DATUM SHIFT
78   CYCL DEF7. 1   X+6. 523
79   CYCL DEF7. 2   Y-6. 523
80   CYCL DEF7. 3   Z+0
81   PLANE SPATIAL SPA+10. 73 SPB+0 SPC+45 MOVE DIST100 FMAX COORD ROT
82   L   Y+32   X+0 R0 FMAX M13
83   L   Z+0 R0 F555
84   L   Y-32 R0 F3333
85   PLANE RESET STAY
86   L   Z+100 R0 FMAX
87   *  -++++++++drill hole++++++++++
88   TOOL CALL D4 Z S1000
89   L   Z+200 R0 FMAX
90   CALL PGM drill. h
91   M30
92   END PGM 2 MM
```

子程序：

```
0    BEGIN PGM drill MM
1    CYCL DEF7. 0 DATUM SHIFT
2    CYCL DEF7. 1   X+10
3    CYCL DEF7. 2   Y+0
4    CYCL DEF7. 3   Z+0
5    PLANE SPATIAL SPA+0 SPB+15 SPC+0 MOVE DIST100 FMAX COORD ROT
6    L   X+10   Y+0 R0 FMAX M13
7    CALL LBL 1
8    CYCL CALL
9    PLANE RESET STAY
10   L   Z+200 R0 FMAX
11   CYCL DEF7. 0 DATUM SHIFT
12   CYCL DEF7. 1   X+0
13   CYCL DEF7. 2   Y+10
14   CYCL DEF7. 3   Z+0
15   PLANE SPATIAL SPA-15 SPB+0 SPC+0 MOVE DIST100 FMAX COORD ROT
16   L   X+0   Y+10 R0 FMAX M13
17   CALL LBL 1
18   CYCL CALL
19   PLANE RESET STAY
20   L   Z+200 R0 FMAX
21   CYCL DEF7. 0 DATUM SHIFT
22   CYCL DEF7. 1   X-10
23   CYCL DEF7. 2   Y+0
24   CYCL DEF7. 3   Z+0
25   PLANE SPATIAL SPA+0 SPB-15 SPC+0 MOVE DIST100 FMAX COORD ROT
26   CALL LBL 1
```

27　L　X-10　Y+0 R0 FMAX M13

28　CYCL CALL

29　PLANE RESET STAY

30　L　Z+200 R0 FMAX

31　CYCL DEF7. 0 DATUM SHIFT

32　CYCL DEF7. 1　X+0

33　CYCL DEF7. 2　Y-10

34　CYCL DEF7. 3　Z+0

35　PLANE SPATIAL SPA+15 SPB+0 SPC+0 MOVE DIST100 FMAX COORD ROT

36　CALL LBL 1

37　L　Y-10　X+0 R0 FMAX M13

38　CYCL CALL

39　LBL 1

40　CYCL DEF200 DRILLING

Q200 = +2　　 ;SET-UP CLEARANCE

Q201 = -12　 ;DEPTH

Q206 = +150　 ;FEED RATE FOR PLNGNG

Q202 = +5　　 ;PLUNGING DEPTH

Q210 = +0　　 ;DWELL TIME AT TOP

Q203 = +0　　 ;SURFACE COORDINATE

Q204 = +50　 ;2ND SET-UP CLEARANCE

Q211 = +0　　 ;DWELL TIME AT DEPTH

41　LBL 0

42　END PGM drill MM

（三）程序仿真加工效果

将编辑好的程序在数控系统中进行仿真加工，验证程序的正确性，仿真加工结果如图 2-30 所示。

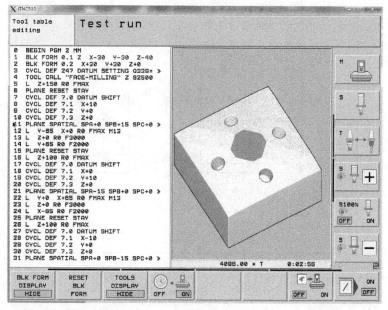

图 2-30　程序仿真加工

项目考核 （表 2-24）

表 2-24　海德汉五轴数控编程实践项目考核卡

考核项目	考核内容	评价（0~10分）				考核者
		差	一般	好	很好	
		0~3 分	4~6 分	7~8 分	9~10 分	
职业素养	态度积极主动,能自主学习及相互协作,尊重他人,注重沟通					
	遵守学习场所管理纪律,能服从教师安排					
	学习过程全勤,配合教学活动					
技能目标	能通过获取有效资源解决学习中的难点					
	能掌握海德汉五轴编程系统基本编程指令					
	能掌握海德汉五轴编程系统钻孔加工循环指令					
	能掌握海德汉五轴编程系统面铣加工循环指令					
	能掌握海德汉五轴编程系统坐标变换功能的编程指令					
	能运用项目的基础理论知识进行手动编程					
	能分析项目零件编程的技术难点,并总结改进					
合计						

练习题

根据图样（图 2-31）综合分析零件加工要求，采用海德汉 iTNC 530 数控系统，完成多面冷冲模具零件的加工程序编制。

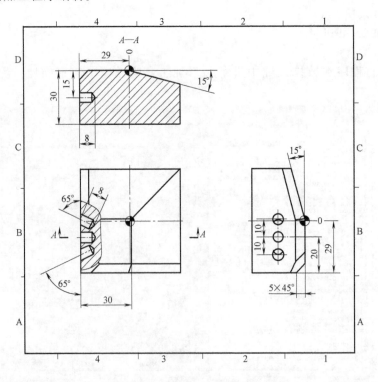

图 2-31　多面冷冲模具零件

项目三 圆柱凸轮零件的加工

加工圆柱凸轮零件，制订圆柱凸轮的加工工艺，根据零件加工要求，合理选择加工刀具的类型，结合加工刀具确定合适的切削参数，掌握多轴流线驱动、曲线/点驱动、外形轮廓铣驱动的使用和设置。

项目描述

圆柱凸轮为回转类零件，具有开放式凸轮结构，以及直纹面构成的半开放式和封闭式凸轮结构。其中，开放式的凸轮结构具有宽度为13mm的U形通槽，半开放式和封闭式的凸轮结构展开线 a、b 和 c 反映了凸轮二维结构的运行轨迹。综合考虑圆柱凸轮的展开线轨迹精度要求和加工特点等因素，使用编程软件编制多轴加工的刀具路径，选择合适的驱动方法进行零件加工。圆柱凸轮零件图及毛坯零件图分别如图3-1和图3-2所示。

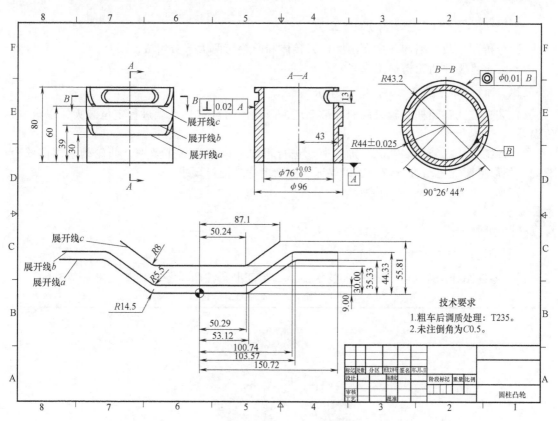

图 3-1　圆柱凸轮零件图

51

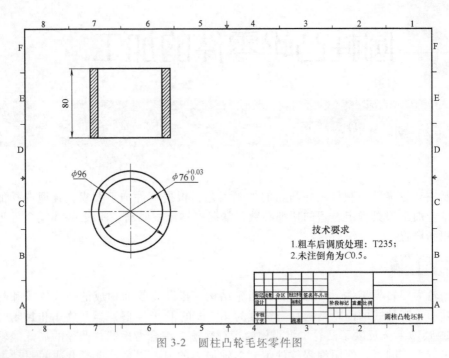

图 3-2　圆柱凸轮毛坯零件图

相关知识

一、分析圆柱凸轮零件加工工艺

1）分析圆柱凸轮结构：主要由圆柱回转体和凸轮槽两大部分组成。

2）要求将零件凸轮槽加工完毕。

二、确定圆柱凸轮零件加工方法

1）装夹方式：圆柱凸轮采用圆柱形毛坯，因此使用自定心卡盘进行定位装夹，以减少定位误差。

2）加工方法：采用多轴流线加工驱动进行粗加工以提高加工效率，凸轮槽采用曲线/点驱动、外形轮廓铣驱动进行精加工以保证表面精度达到图样要求。

3）加工刀具：ϕ8mm 平底铣刀。

项目实施

一、制订圆柱凸轮零件加工工艺

根据零件图样综合分析零件加工技术要求，制订出圆柱凸轮零件加工工艺见表 3-1。

表 3-1　圆柱凸轮零件加工工艺

加工装夹示意图

（续）

工序	工序内容	刀具	主轴转速/ （r/min）	进给率/ （mm/min）	切削深度/ /mm
1	粗加工 φ86mm 凸轮槽	φ8mm 平底铣刀	5500	2200	1
2	精加工 φ86mm 凸轮槽	φ8mm 平底铣刀	5500	2200	5
3	粗加工 φ88mm 凸轮槽	φ8mm 平底铣刀	5500	2200	1
4	精加工 φ88mm 凸轮槽侧壁	φ8mm 平底铣刀	5500	2200	1
5	精加工 13mm 宽封闭槽	φ8mm 平底铣刀	5500	2200	1

二、圆柱凸轮零件加工刀具路径的编制

1. 粗加工 φ86mm 凸轮槽

1）选择"开始"→"所有程序"→"Siemens NX 10.0"→"NX 10.0"命令，进入软件 NX 10.0 初始界面，如图 3-3 所示。

E3-1　工序 1~3

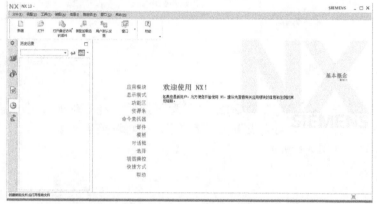

图 3-3　NX 10.0 初始界面

2）在标准工具条单击"打开"按钮 ，进入"打开"对话框，选择"example\Chap03\NX10.0"路径下的"凸轮 .prt"文件（见素材资源包），单击"OK"按钮打开文件，如图 3-4所示。

3）在 NX10.0 基本环境下按<Ctrl+Alt+M>组合键，进入"加工环境"对话框，"要创建的 CAM 设置"选择"mill_ multi-axis"，单击"确定"按钮，如图 3-5 所示。

图 3-4　圆柱凸轮模型

图 3-5　加工环境

3

PROJECT

4）在"工序导航器"空白位置单击右键，选择"几何视图"选项，将导航器切换至几何视图，如图 3-6 所示。

5）在"工序导航器"界面双击节点  MCS 进入"MCS 铣削"对话框，如图 3-7 所示。

图 3-6　几何视图　　　　　　　　　　　图 3-7　MCS 铣削

6）单击按钮  进入"CSYS"对话框，"类型"选择"自动判断"，选择模型顶面中心作为坐标系放置位置；再将"类型"设置为"动态"，旋转调整坐标系，单击"确定"按钮完成加工坐标系设置，如图 3-8 所示。

a)

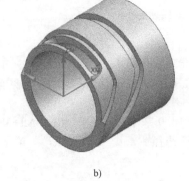

b)

图 3-8　设置加工坐标系

7）在插入工具条单击"创建刀具"按钮 ，进入"创建刀具"对话框。"类型"选择"mill_ planar"，"刀具子类型"选择第一个小图标（MILL），"名称"为"D8"，单击"确定"按钮，进入"铣刀-5 参数"对话框，设置刀具"直径"为"8"，单击"确定"按钮退出对话框，如图 3-9 所示。

8）在插入工具条单击"创建工序"按钮 ，进入"创建工序"对话框。"类型"选择"mill_ multi-axis"，"工序子类型"选择"可变轮廓铣"图标 ，"刀具"选择"D8"，"几何体"选择"WORKPIECE"，"方法"选择"METHOD"，如图 3-10 所示。

9）单击"确定"按钮进入"可变轮廓铣"对话框，单击"指定部件"按钮 ，进入"部件几何体"对话框，"过滤器"设置为"面"，选择圆柱凸轮 φ86mm 凸轮槽底面作为部

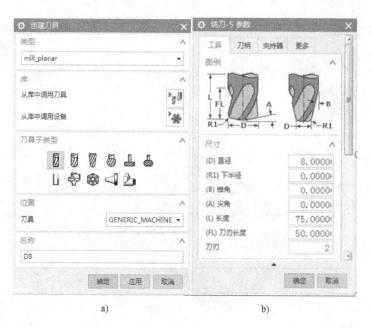

图 3-9　创建刀具 D8

件，如图 3-11 所示。

10）在"可变轮廓铣"对话框单击"驱动方法"编辑按钮 ，进入"流线驱动方法"对话框，选择圆柱凸轮 ϕ86mm 凸轮槽底面两条边界线作为流曲线，如图 3-12 所示。

图 3-10　创建工序

a)

b)

图 3-11　指定部件

11）在"可变轮廓铣"对话框单击"切削参数"按钮 ，进入"切削参数"对话框，"多刀路"和"余量"选项卡切削参数设置如图 3-13 所示。

a)   b)

图 3-12 流曲线选择

a)

b)

图 3-13 切削参数

12）在"可变轮廓铣"对话框单击"非切削移动"按钮，进入"非切削移动"对话框，"进刀"选项卡参数设置如图 3-14 所示。

13）在"可变轮廓铣"对话框单击"生成"按钮，生成刀具路径，如图 3-15 所示。

2. 精加工 φ86mm 凸轮槽

1）在"工序导航器"通过右键复制粘贴上一步工序创建的可变轮廓铣刀具路径，如图 3-16 所示。

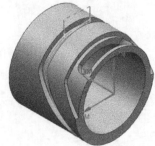

图 3-15 生成刀具路径

图 3-14 非切削移动

图 3-16 复制刀具路径

2）双击可变轮廓铣刀具路径，进入"可变轮廓铣"对话框。在"可变轮廓铣"对话框单击"驱动方法"编辑按钮  进入"流线驱动方法"对话框，选择圆柱凸轮 ϕ86mm 凸轮槽底面两条边界线作为流曲线，如图 3-17 所示。

3）在"可变轮廓铣"对话框单击"切削参数"按钮，进入"切削参数"对话框，"多刀路"和"余量"选项卡切削参数设置如图 3-18 所示。

4）在"可变轮廓铣"对话框单击"非切削移动"按钮，进入"非切削移动"对话框，"进刀"选项卡参数设置如图 3-19 所示。

5）在"可变轮廓铣"对话框单击"生成"按钮，生成刀具路径，如图 3-20 所示。

a)   b)

图 3-17 流曲线选择

a)   b)

图 3-18 切削参数

3. 粗加工 ϕ88mm 凸轮槽

1）在"工序导航器"通过右键复制粘贴上一步工序创建的可变轮廓铣刀具路径，按 <Ctrl+W> 组合键设置圆柱实体显示。双击可变轮廓铣刀具路径进入"可变轮廓铣"对话框。

2）在"可变轮廓铣"对话框中，"指定部件"选择圆柱实体，"指定切削区域"选择圆柱实体表面，如图 3-21 所示。再按 <Ctrl+W> 组合键设置实体隐藏。

3）在"可变轮廓铣"对话框单击"驱动方法"编辑按钮，进入"流线驱动方法"对话框，删除"列表"中原流曲线项目；过滤器设置为"相连曲线"，依次选择、添加圆柱凸轮 ϕ88mm 凸轮槽底面边界曲线作为流曲线，如图 3-22 所示。

4）在"可变轮廓铣"对话框单击"投影矢量"编辑按钮，进入"朝向直线"对话框，"指定矢量"设置为 X 方向，"指定点"设置在圆柱凸轮顶面圆心，如图 3-23 所示。

5）在"可变轮廓铣"对话框单击"切削参数"按钮，进入"切削参数"对话框，"多刀路"和"余量"选项卡切削参数设置如图 3-24 所示。

3 PROJECT

图 3-19 非切削移动　　　　图 3-20 生成刀具路径　　　　图 3-21 几何体选择

图 3-22 流曲线选择　　　　　　　　　图 3-23 朝向直线

a)　　　　　　　　　　　　　　　b)

图 3-24 切削参数

6）在"可变轮廓铣"对话框单击"非切削移动"按钮，进入"非切削移动"对话框，"进刀"和"转移/快速"选项卡参数设置如图 3-25 所示。"转移/快速"选项卡中，"指定点"选择圆柱端面圆心，"指定矢量"选择 X 轴。

7）在"可变轮廓铣"对话框单击"生成"按钮，生成刀具路径，如图 3-26 所示。

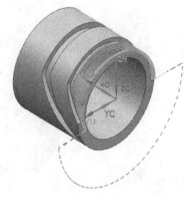

a)   b)

图 3-25 非切削移动   图 3-26 生成刀具路径

4. 精加工 φ88mm 凸轮槽侧壁

1）在插入工具条单击"创建工序"按钮，进入"创建工序"对话框。"类型"选择"mill_ multi-axis"，"工序子类型"选择"外形轮廓铣"图标，"刀具"选择"D8"，"几何体"选择"WORKPIECE"，"方法"选择"METHOD"。

E3-2 工序 4~5
及后处理

2）单击"确定"按钮进入"外形轮廓铣"对话框，"指定部件"选择凸轮实体"指定底面"选择圆柱凸轮 φ88mmV 形凸轮槽底面，勾选"自动壁"复选框，如图 3-27 所示。

3）在"外形轮廓铣"对话框单击"驱动方法"编辑按钮，进入"外形轮廓铣驱动方法"对话框，驱动参数设置完成后单击"确定"按钮，如图 3-28 所示。

4）在"外形轮廓铣"对话框单击"切削参数"按钮，进入"切削参数"对话框，"多刀路"和"余量"选项卡切削参数设置如图 3-29 所示。

5）在"外形轮廓铣"对话框单击"非切削移动"按钮，进入"非切削移动"对话框，设置"进刀"和"转移/快速"选项卡参数。"转移/快速"选项卡"指定点"选择圆柱凸轮顶面中心，"指定矢量"选择-X 方向，如图 3-30 所示。

6）在"外形轮廓铣"对话框单击"生成"按钮，生成刀具路径，如图 3-31 所示。

5. 精加工 13mm 宽封闭槽

1）在"工序导航器"通过右键复制粘贴创建的"可变轮廓铣"刀具路径，按<Ctrl+W>组合键设置圆柱片体显示。双击可变轮廓铣刀具路径进入"可变轮廓铣"对话框。

2）在"可变轮廓铣"对话框中，"指定部件""选择圆柱片体，"指定切削区域"选择凸轮圆柱片体内表面，如图 3-32 所示。再按<Ctrl+W>组合键设置片体隐藏。

a)

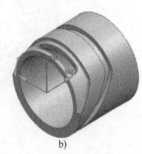

b)

图 3-27　外形轮廓铣

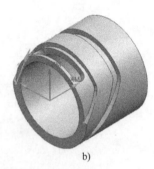

a)　　　　　　　　　　b)

图 3-28　外形轮廓铣驱动方法

a)

b)

图 3-29　切削参数

3）在"可变轮廓铣"对话框单击"驱动方法"编辑按钮 ，进入"曲线/点驱动方法"对话框，过滤器设置为"相连曲线"，选择圆柱凸轮 13mm 宽封闭通槽的内边界曲线作为驱动曲线，如图 3-33 所示。

4）在"可变轮廓铣"对话框单击"投影矢量"编辑按钮 ，进入"朝向直线"对话框，"指定矢量"设置为 X 方向，"指定点"设置在圆柱凸轮顶面圆心，如图 3-34 所示。

5）在"可变轮廓铣"对话框单击"切削参数"按钮 ，进入"切削参数"对话框，"多刀路"和"余量"选项卡切削参数设置如图 3-35 所示。

a) b) c)

图 3-30 非切削移动

a) b)

图 3-31 生成刀具路径

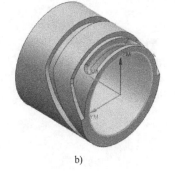

图 3-32 指定部件和切削区域

6）在"可变轮廓铣"对话框单击"非切削移动"按钮，进入"非切削移动对话框"，"进刀"选项卡参数设置如图 3-36 所示。

7）在"可变轮廓铣"对话框单击"生成"按钮，生成刀具路径，如图 3-37 所示。

三、圆柱凸轮零件加工 NC 程序的生成

在"工序导航器"中，选取已生成的刀具路径文件，单击右键选择"后处理"功能，在"后处理"对话框中选择合适的"后处理器"，单击"确定"按钮生成圆柱凸轮加工 NC 程序，如图 3-38 所示。

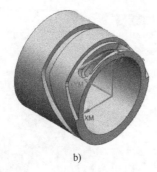

a)   b)

图 3-33　驱动曲线选择

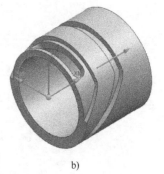

a)   b)

图 3-34　朝向直线

a)

b)

图 3-35　切削参数

图 3-36　非切削移动

图 3-37　生成刀具路径

四、VERICUT 8.0 数控仿真

1. 构建仿真项目

1）双击软件 VERICUT8.0 快捷方式进入软件，如图 3-39 所示。

2）在"文件"工具栏单击"新项目"按钮，进入"新的 VERICUT 项目"对话框，选择"从一个模板开始"，单击浏览按钮 ，选择"example\Chap 03\Vericut8.0"目录下文件"4a.vcproject"（见素材资源包），如图 3-40 所示。

E3-3　数控仿真

3）单击"确定"按钮，加载机床，如图 3-41 所示。

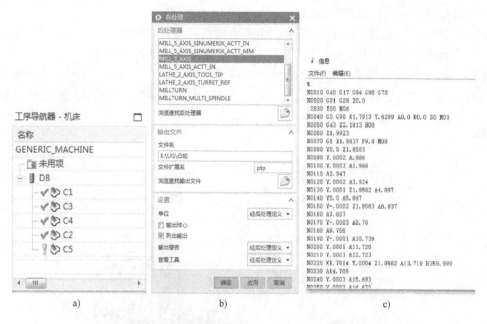

图 3-38　圆柱凸轮零件加工 NC 程序生成

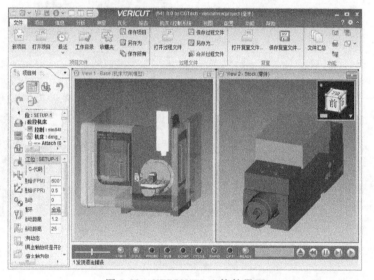

图 3-39　VERICUT8.0 软件界面

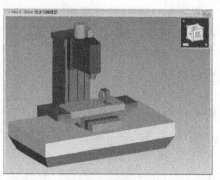

图 3-40　新建仿真项目

图 3-41　加载机床

2. 仿真模型（毛坯）加载和定位

1）在"项目树"选择"Stock"节点，单击右键选择"添加模型"→"圆柱"，在"配置模型"的"模型"选项卡中输入"高"和"半径"参数，如图 3-42 所示。

2）在"配置模型"选择"旋转"选项卡，设置"旋转中心"为"圆心"，单击箭头按钮 ，选择圆柱毛坯下方的 XY 平面圆心，单击"旋转中心显示"按钮 ，修改"增量"为"90"，单击按钮 ，旋转后毛坯如图 3-43c 所示。

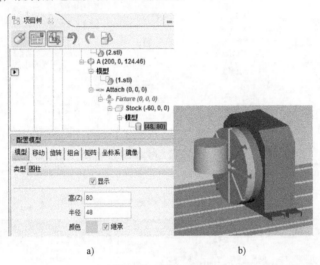

a)   b)

图 3-42　添加毛坯

a)

b)

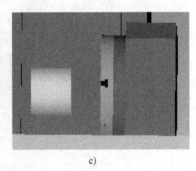

c)

图 3-43　毛坯定位

3）在"配置模型"选择"组合"选项卡，单击箭头按钮 ，分别选择圆柱毛坯右侧平面和卡盘平面，如图 3-44 所示。

3. 加工坐标系的配置

1）在"项目树"选择"坐标系统"节点，在"配置坐标系统"单击按钮 添加新的坐标系 ，如图 3-45 所示。

2）在"配置坐标系统"选择"CSYS"选项卡，如图 3-46 所示。单击"位置"输入框后，输入框变色（亮黄色）。

3）在操作界面捕捉毛坯的端面圆心，如图 3-47 所示。

4. 配置 G-代码偏置

在"项目树"选择"G-代码偏置"，"偏置名"设置为"工作偏置"，"寄存器"设置为

"54"，单击"添加"按钮，进入"配置工作偏置"对话框；"配置工作偏置"对话框中"到"设置为"坐标原点"，如图3-48所示。

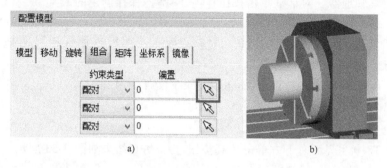

图3-44 配对毛坯约束

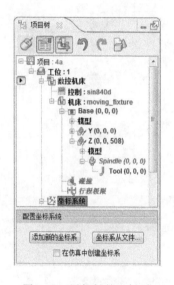

图3-45 添加新的坐标系

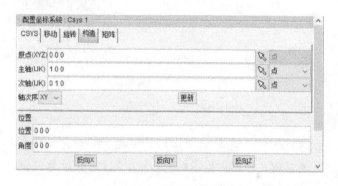

图3-46 配置坐标系统

图3-47 捕捉圆心

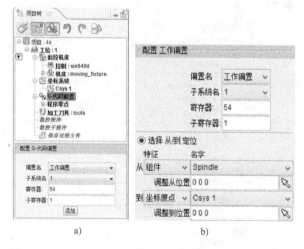

图3-48 配置工作偏置

5. 刀具库的创建

1）双击"项目树"中的"加工刀具"节点，进入"刀具管理器"对话框，如图3-49所示。

2）在"刀具管理器"对话框单击按钮 铣刀，创建铣刀 D8，参数设置如图 3-50 所示。

3）在"刀具管理器"对话框单击按钮 保存文件，保存创建的刀具。

6. 仿真校验所生成的 NC 程序

1）在"项目树"选择"数控程序"节点，进入"配置数控程序"对话框，单击按钮 添加数控程序文件 ，如图 3-51 所示。

2）选择"example\Chap03\Vericut8.0"目录下文件"c1.mpf、c2.mpf、c3.mpf、c4.mpf"（见素材资源包），完成后项目树如图 3-52 所示。

7. 运行 NC 程序

在 VERICUT8.0 主界面右下方单击仿真按钮 ，仿真结果如图 3-53 所示。

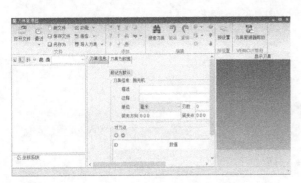

图 3-49　刀具管理器

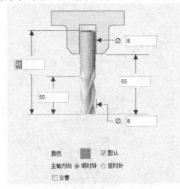

图 3-50　创建铣刀 D8

8. 文件汇总

在"文件"工具栏单击按钮 文件汇总，弹出"文件汇总"对话框，单击拷贝按钮 ，选择目标存放路径保存文件，如图 3-54 所示。

图 3-51　添加数控程序文件

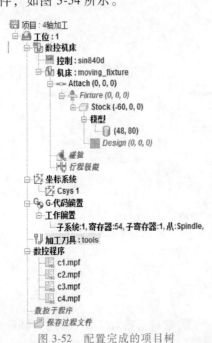

图 3-52　配置完成的项目树

图 3-53　圆柱凸轮加工仿真结果

图 3-54　文件汇总

 项目考核 （表 3-2）

表 3-2　圆柱凸轮加工项目考核卡

考核项目	考核内容	评价(0~10分)				考核者
		差	一般	好	很好	
		0~3分	4~6分	7~8分	9~10分	
职业素养	态度积极主动,能自主学习及相互协作,尊重他人,注重沟通					
	遵守学习场所管理纪律,能服从教师安排					
	学习过程全勤,配合教学活动					
技能目标	能学完项目的基础理论知识					
	能通过获取有效资源解决学习中的难点					
	能运用项目的基础理论知识进行手动或软件编程					
	能运用项目的基础理论知识编制加工工艺或编制工作步骤					
	能编制项目零件的加工刀具路径					
	能通过软件仿真测试编制程序的合理性,并完善					
	能分析项目零件编程技术的难点,并总结改进					
合计						

练习题

在素材资源包中打开"example\Chap03\NX10.0"目录下的"转动轴.prt"文件,如图 3-55 所示,以本项目案例为参考,完成转动轴零件加工程序编制的练习。

图 3-55　转动轴模型

无人机螺旋桨连接零件的加工

加工无人机螺旋桨连接零件，制订无人机螺旋桨连接零件的加工工艺，根据零件加工要求合理选择加工刀具的类型，结合加工刀具确定合适的切削参数，掌握五轴加工程序编制中多轴流线加工驱动、曲线/点驱动、外形轮廓铣驱动刀具路径的使用技巧。

项目描述

无人机螺旋桨连接零件为回转类零件，可通过旋转、拉伸等工具进行建模，用于连接无人机的螺旋桨，通过固定与加重，确保无人机在飞行中的稳定性。综合考虑无人机螺旋桨连接零件的加工特点和技术要求，使用编程软件编制多轴加工的刀具路径，选择合适的驱动方法进行零件加工，无人机螺旋桨连接零件的零件图及毛坯零件图分别如图 4-1 和图 4-2 所示。

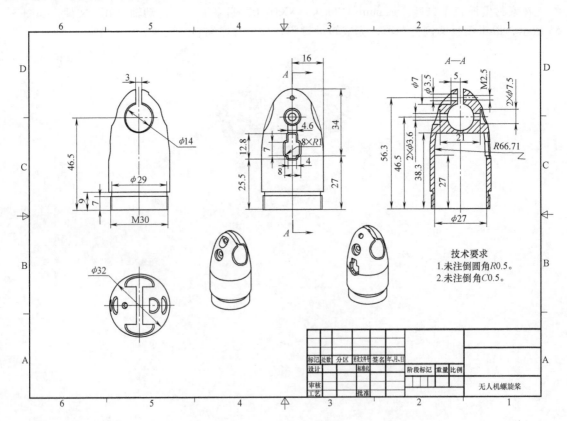

图 4-1　无人机螺旋桨连接零件的零件图

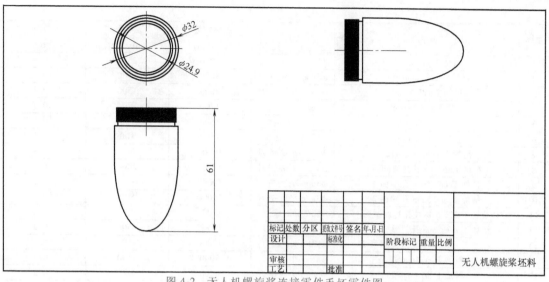

图 4-2　无人机螺旋桨连接零件毛坯零件图

相关知识

一、分析无人机螺旋桨连接零件加工工艺

1）分析无人机螺旋桨连接零件结构：由圆柱回转体、型腔槽与螺丝孔组成。

2）要求将零件型腔槽与螺纹孔加工完毕。

二、确定无人机螺旋桨连接零件加工方法

1）装夹方式：无人机螺旋桨连接零件采用自制仿型夹具，通过快固型厌氧胶将无人机螺旋桨连接零件与工装黏合在一起，再通过自定心卡盘夹紧仿型夹具，从而减少薄壁振动。

2）加工方法：使用平面铣进行顶部轮廓的五轴粗加工，孔位采用螺旋孔铣策略进行粗加工，再使用钻孔将零件顶部的孔位加工完成，使用型腔铣进行五轴型腔粗加工，通过一系列"3+2"定轴加工方式完成零件的精加工。

3）加工刀具：$\phi 8mm$、$\phi 3mm$、$\phi 2mm$ 平底铣刀，$\phi 4R2mm$、$\phi 2R1mm$ 球刀，$\phi 3.5mm$、$\phi 2mm$ 钻头。

项目实施

一、制订无人机螺旋桨连接零件加工工艺

根据零件图样综合分析零件加工技术要求，制订出无人机螺旋桨连接零件加工工艺见表 4-1。

表 4-1　无人机螺旋桨连接零件加工工艺

加工装夹示意图

（续）

工序	工序内容	刀具	主轴转速/ （r/min）	进给率/ （mm/min）	切削深度/ mm
1	粗加工 φ7mm 孔	φ3mm 平底铣刀	8000	2500	0.5
2	粗加工 φ7.5mm 孔 1	φ3mm 平底铣刀	8000	1500	0.5
3	粗加工 φ7.5mm2	φ3mm 平底铣刀	8000	1500	0.5
4	钻削 M2.5 螺纹孔	φ2mm 钻头	1700	80	0.5
5	钻削 φ3.5mm 孔	φ3.5mm 钻头	1500	100	0.5
6	钻削 φ3.6mm 孔	φ3.5mm 钻头	1500	100	0.5
7	精加工 φ7mm 孔端面	φ3mm 平底铣刀	10000	800	0.2
8	精加工 φ7mm 孔过渡圆弧	φ3mm 平底铣刀	10000	2000	0.2
9	精加工 φ7.5mm 孔端面 1	φ3mm 平底铣刀	10000	800	0.2
10	精加工 φ7.5mm 孔端面 2	φ3mm 平底铣刀	10000	800	0.2
11	精加工 M2.5 螺纹孔过渡圆弧	φ2R1mm 球刀	10000	1500	0.2
12	精加工 φ7.5mm 孔过渡圆弧 1	φ2R1mm 球刀	10000	1500	0.2
13	精加工 φ7.5mm 孔过渡圆弧 2	φ2R1mm 球刀	10000	1500	0.2
14	粗加工 φ14mm 孔	φ8mm 平底铣刀	5000	1500	0.5
15	精加工 φ14mm 孔	φ8mm 平底铣刀	8000	800	0.2
16	精加工 3mm 开放槽	φ3mm 平底铣刀	10000	2000	0.3
17	粗加工凹槽	φ3mm 平底铣刀	8000	1500	0.5
18	二次粗加工凹槽	φ2mm 平底铣刀	8000	1500	0.5
19	精加工凹槽轮廓	φ2mm 平底铣刀	10000	800	0.2
20	精加工 φ14mm 孔过渡圆弧 1	φ4R2mm 球刀	10000	1500	0.2
21	精加工 φ14mm 孔过渡圆弧 2	φ4R2mm 球刀	10000	1500	0.2

二、无人机螺旋桨连接零件加工刀具路径的编制

1. 粗加工 φ7mm 孔

1）选择"开始"→"所有程序"→"Siemens NX 10.0"→"NX 10.0"
命令，进入软件 NX 10.0 初始界面，如图 4-3 所示。

E4-1　工序 1

2）在标准工具条单击"打开"按钮 ，进入"打开"对话框，选择
"example\Chap04\NX10.0\"路径下的"无人机螺旋桨连接零件.prt"文件（见素材资源
包），单击"OK"按钮打开文件，如图 4-4 所示。

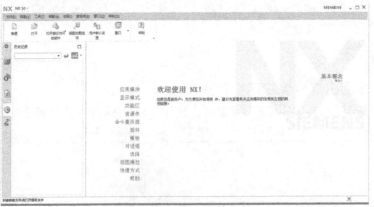

图 4-3　NX 10.0 初始界面

3）在 NX10.0 基本环境下按<Ctrl+Alt+M>组合键，进入"加工环境"对话框，"要创建
的 CAM 设置"选择"mill_ multi-axis"，单击"确定"按钮，如图 4-5 所示。

4）在"工序导航器"空白位置单击右键，选择"几何视图"选项，将导航器切换至几
何视图，如图 4-6 所示。

图 4-5　加工环境

图 4-4　无人机螺旋桨连接零件模型

5）在"工序导航器"界面双击节点"MCS"进入"MCS 铣削"对话框，如图 4-7 所示。

6）单击按钮进入"CSYS"对话框，"类型"选择"自动判断"，选择模型底面中心作为坐标系放置位置；再将"类型"设置为"动态"，旋转调整坐标系，单击"确定"按钮完成加工坐标系设置，如图 4-8 所示。

a)

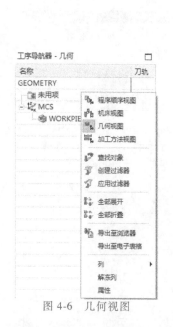

图 4-6　几何视图

图 4-7　MCS 铣削

b)

图 4-8　设置加工坐标系

7）在"工序导航器"双击节点"MCS"下的节点"WORKPIECE"，进入"工件"对话框。"指定部件"选择需要加工的零件；按<Ctrl+L>组合键设置显示毛坯图层，"指定毛坯"选择毛坯模型，如图 4-9 所示。再按<Ctrl+L>组合键设置毛坯隐藏。

8）"工序导航器"中切换为"机床视图"。在插入工具条单击"创建刀具"按钮，进

4

PROJECT

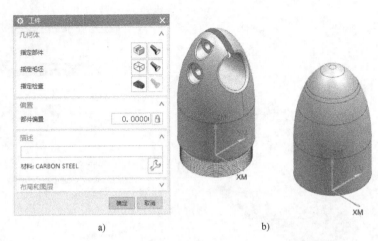

图 4-9　指定部件和毛坯

入"创建刀具"对话框。"类型"选择"mill_planar","刀具子类型"选择第一个小图标"（MILL）","名称"为"D3",单击"确定"按钮,进入"铣刀-5 参数"对话框,设置刀具"直径"为"3",单击"确定"按钮退出对话框,如图 4-10 所示。

9）参考上一步操作分别创建 $\phi 8mm$、$\phi 2mm$ 平底铣刀。

10）在插入工具条单击"创建刀具"按钮 ，进入"创建刀具"对话框。"刀具子类型"选择第三个小图标（BALL_MILL）"名称"为"D4R2",单击"确定"按钮,进入"铣刀-球头铣"对话框,设置刀具"球直径"为"4",单击"确定"按钮退出对话框,如图 4-11 所示。

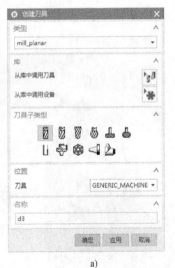

a)

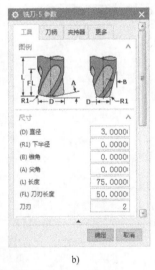

b)

图 4-10　创建刀具 D3

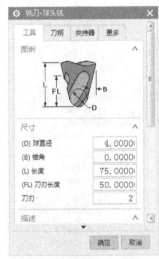

图 4-11　创建刀具 D4R2

11）参考上一步操作创建 $\phi 2R1mm$ 球刀。

12）在插入工具条单击"创建刀具"按钮 ，进入"创建刀具"对话框。"类型"选择"drill","刀具子类型"选择第三个小图标（DRILLING_TOOL）,"名称"为"ZT3.5",单击"确定"按钮,进入"钻刀"对话框,设置刀具"直径"为"3.5",单击"确定"按钮退出对话框,如图 4-12 所示。

13）参考上一步操作创建 $\phi 2mm$ 钻头。

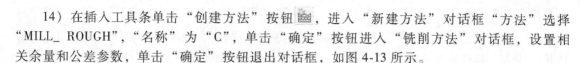
14）在插入工具条单击"创建方法"按钮 ，进入"新建方法"对话框"方法"选择"MILL_ ROUGH"，"名称"为"C"，单击"确定"按钮进入"铣削方法"对话框，设置相关余量和公差参数，单击"确定"按钮退出对话框，如图 4-13 所示。

图 4-12　创建刀具 ZT3.5

图 4-13　铣削方法

15）在插入工具条单击"创建方法"按钮 🏭，进入"新建方法"对话框。"方法"选择"MILL_ FINISH"，"名称"为"j"，单击"确定"按钮进入"铣削方法"对话框，设置相关余量和公差参数，单击"确定"按钮退出对话框，如图 4-14 所示。

16）"工序导航器"中切换为"程序顺序视图"。在插入工具条单击"创建工序"按钮 ⚙，进入"创建工序"对话框。"类型"选择"mill_ planar"，"工序子类型"选择"平面铣"图标 ⚙，"刀具"选择"D3"，"几何体"选择"WORKPIECE"，"方法"选择"C"，如图 4-15 所示。

a)

b)

图 4-14　设置精加工公共参数

图 4-15　创建工序

4

PROJECT

17）单击"确定"按钮进入"平面铣"对话框，"切削模式"设置为"轮廓"，单击"指定部件边界"按钮 ，进入"边界几何体"对话框，"模式"选择"曲线/边"；进入"创建边界"对话框，"类型"选择"开放"。"创建边界"对话框内，"材料侧"选择"右"；"刨"项选择"用户定义"，点选侧面平面，然后"偏置"设为"6"；过滤器选择"相切曲线"，选择侧孔曲线作为边界。返回"平面铣"对话框，"刀轴"设置为"指定矢量"，如图4-16所示。

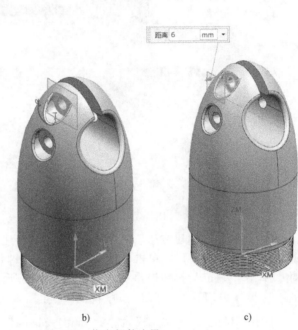

a)   b)   c)

图 4-16 指定部件边界

18）在"平面铣"对话框单击"指定底面"按钮，进入"刨"对话框，"类型"选择"自动判断"，选择模型的缺口平面作为底面，如图4-17所示。

19）在"平面铣"对话框单击"切削层"按钮，切削参数设置如图4-18所示。

20）在"平面铣"对话框单击"切削参数"按钮，进入"切削参数"对话框"余量"选项卡切削参数设置如图4-19所示。

a)   b)

图 4-17 指定底面

图 4-18 切削层

图 4-19 切削参数

21）在"平面铣"对话框单击"非切削移动"按钮，进入"非切削移动"对话框，"进刀"和"转移/快速"选项卡参数设置如图 4-20 所示。

22）在"平面铣"对话框单击"生成"按钮，生成刀具路径，如图 4-21 所示。

2. 粗加工 φ7.5mm 孔 1

1）在插入工具条单击"创建工序"按钮，进入"创建工序"对话框。"类型"选择"mill_ planar"，"工序子类型"选择"孔铣"图标，"刀具"选择"D3"，"几何体"选择"WORKPIECE"，"方法"选择"C"，如图 4-22 所示。

E4-2 工序 2~7

图 4-20 非切削移动

图 4-21 生成刀具路径

2）单击"确定"按钮进入"孔铣"对话框，单击"指定特征几何体"按钮，进入"特征几何体"对话框，点选 φ7.5mm 孔，相关参数设置如图 4-23 所示。

图 4-22 创建工序

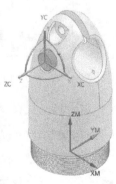

图 4-23 特征几何体

4 PROJECT

75

3）"孔铣"对话框"刀轨设置"的参数设置如图 4-24 所示。需要注意的是，某些型号的机床在运行 3D 螺旋加工程序时会报警，可将"运动输出类型"设置为"直线"，操作过程扫描二维码 E4-2 观看。

4）在"孔铣"对话框单击"切削参数"按钮 ⌣，进入"切削参数"对话框"策略"，选项卡参数设置如图 4-25 所示。

5）在"孔铣"对话框单击"生成"按钮 ⫷，生成刀具路径，如图 4-26 所示。

图 4-24 刀轨设置

图 4-25 切削参数

图 4-26 生成刀具路径

3. 粗加工 φ7.5mm 孔 2

1）在"工序导航器"选择上一步工序创建的加工程序，单击右键，选择"对象"→"变换"选项，如图 4-27 所示。

2）进入"变换"对话框，"类型"选择"绕点旋转"；"变换参数"项，"角方法"选择"指定"，"角度"设置为"180"；"结果"项选择"实例"，参数设置如图 4-28 所示。

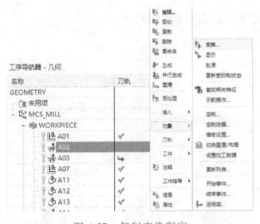

图 4-27 复制变换程序

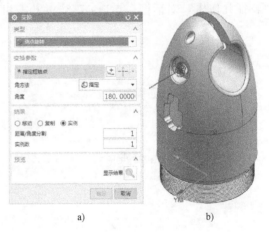

a)   b)

图 4-28 变换

4. 钻削 M2.5 螺纹孔

1）在"插入"工具条单击"创建工序"按钮 ⫸，进入"创建工序"对话框。"类型"选择"drill"，"工序子类型"选择"钻孔"图标 ⫿，"刀具"选择"ZT2 钻刀"，"几何体"选择"WORKPIECE"，"方法"选择"METHOD"，如图 4-29 所示。

2）单击"确定"按钮进入"钻孔"对话框，单击"指定孔"按钮进入"点到点几何体"对话框，单击"选择"按钮，选择 M2.5 螺纹孔边界，单击"确定"按钮，如图 4-30 所示。

图 4-29　创建工序

a)

b)

图 4-30　指定孔

3）在"钻孔"对话框"循环类型"项单击"循环"（标准钻，深孔）编辑按钮，"Number of Sets"设置为"1"，单击"确定"按钮进入"Cycle 参数"对话框，参数设置如图 4-31 所示。

4）在"钻孔"对话框单击"避让"按钮，选择"Clearance Plane-活动"→"指定"选项，进入"刨"对话框，点选 φ7mm 孔端面，"偏置"项"距离"设为"20mm"，如图 4-32 所示。

5）在"钻孔"对话框单击"生成"按钮，生成刀具路径，如图 4-33 所示。

5. 钻削 φ3.5mm 孔

1）复制上一步工序创建的"钻孔"刀具路径，双击"钻孔"刀具路径进入"钻孔"对话框。在"钻孔"对话框中，"刀具"选择"ZT3.5（钻刀）"，在"循环类型"项单击"循环"（标准钻，深孔）编辑按钮，"Number of Sets"设置为"1"，单击"确定"按钮进入"Cycle 参数"对话框，参数设置如图 4-34 所示。

图 4-31　Cycle 参数

2）在"钻孔"对话框单击"生成"按钮，生成刀具路径，如图 4-35 所示。

6. 钻削 φ3.6mm 孔

1）复制上一步工序创建的"钻孔"刀具路径，双击"钻孔"刀具路径进入"钻孔"对话框。在"钻孔"对话框中，"刀具"选择"ZT3.5（钻刀）"，单击"指定孔"按钮进入"点到点几何体"对话框，单击"选择"按钮，点选 φ3.6mm 孔边界，如图 4-36 所示。

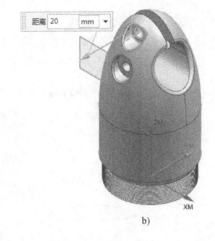

图 4-32　钻孔避让

图 4-33　生成刀具路径

图 4-34　Cycle 参数　　　图 4-35　生成刀具路径　　　图 4-36　指定孔

2）"钻孔"对话框"循环类型"项中"循环"选择"标准钻，深孔"，单击"循环"编辑按钮，"Number of Sets"设置为"1"，进入"Cycle 参数"对话框，参数设置如图4-37所示。

3）在"钻孔"对话框单击"生成"按钮，生成刀具路径，如图 4-38 所示。

图 4-37　Cycle 参数　　　　　　　图 4-38　生成刀具路径

7. 精加工 φ7mm 孔端面

1）在"工序导航器"通过右键复制粘贴第一步工序创建的平面铣刀具路径，双击平面铣刀具路径进入"平面铣"对话框，"刀轨设置"项"方法"设置为"J"。在"平面铣"对话框单击"切削层"按钮，弹出"切削层"对话框，"每刀切削深度"设置为"0"。

2）在"平面铣"对话框单击"切削参数"按钮，进入"切削参数"对话框，"余量"选项卡切削参数设置如图 4-39 所示。

3）在"平面铣"对话框单击"生成"按钮，生成刀具路径，如图4-40 所示。

E4-3 工序
8~10

8. 精加工 φ7mm 孔过渡圆弧

1）在"插入"工具条单击"创建工序"按钮，进入"创建工序"对话框。"类型"选择"mill_contour"，"工序子类型"选择"固定轮廓铣"图标，"刀具"选择"D3"，"几何体"选择"MCS"，"方法"选择"J"，如图 4-41 所示。

图 4-39 切削参数

图 4-40 生成刀具路径

图 4-41 创建工序

2）单击"确定"按钮进入"固定轮廓铣"对话框，在"固定轮廓铣"对话框"刀轴"项，"轴"设置为"指定矢量"，"指定矢量"选择按钮，选择 φ7mm 孔侧向平面确定法向矢量方向。在"驱动方法"单击"方法"编辑按钮，进入"曲面区域驱动方法"对话框，单击"指定驱动几何体"按钮，选择侧向孔过渡圆弧曲面作为驱动几何体，设置驱动参数后单击"确定"按钮，如图 4-42 所示。

3）在"固定轮廓铣"对话框单击"非切削移动"按钮，进入"非切削移动"对话框，"进刀"和"退刀"选项卡参数设置如图 4-43 所示。

4）在"固定轮廓铣"对话框单击"生成"按钮，生成刀具路径，如图 4-44 所示。

9. 精加工 φ7.5mm 孔端面 1

1）复制第一步工序创建的平面铣刀具路径，双击平面铣刀具路径进入"平面铣"对话框。

2）在"平面铣"对话框单击"指定部件边界"按钮，进入"编辑边界"对话框，通过"全部重选"，选择 φ7.5mm 孔轮廓作为边界，"材料侧"项选择"外部"在"平面铣"对话框单击"指定底面"按钮，点选孔端面作为加工平面，如图 4-45 所示。

4

PROJECT

a) b) c)

图 4-42 设置驱动方法

a) b)

图 4-43 非切削移动

XM

图 4-44 生成刀具路径

a) b)

图 4-45 指定部件边界和底面

3）在"平面铣"对话框单击"非切削移动"按钮，进入"非切削移动"对话框，"进刀"选项卡的"进刀点"选择 φ7.5mm 孔中心，如图 4-46 所示。

4）在"平面铣"对话框单击"生成"按钮，生成刀具路径，如图 4-47 所示。

10. 精加工 φ7.5mm 孔端面 2

1）在"工序导航器"选择上一步工序创建的加工程序，单击右键，选择"对象"→"变换"选项，如图 4-48 所示。

2）进入"变换"对话框，"类型"设置为"绕点旋转"；"变换参数"项，"指定枢轴点"选择圆柱中心，"角方法"设置为"指定"，"角度"设置为"180"；"结果"设置为"实例"，如图 4-49 所示。

4 PROJECT

a)

b)

图 4-46　非切削移动

图 4-47　生成刀具路径

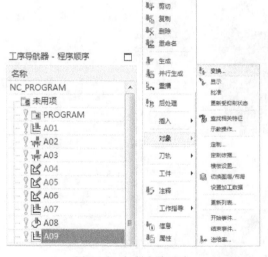

图 4-48　复制变换程序

a)

b)

图 4-49　变换

3）在"变换"对话框单击"确定"按钮，生成刀具路径，如图 4-50 所示。

11. 精加工 M2.5 螺纹孔过渡圆弧

1）在"工序导航器"选择第八步工序已创建的固定轮廓铣加工程序，单击右键，选择"复制"→"粘贴"选项，如图 4-51 所示。

2）双击固定轮廓铣刀具路径进入"固定轮廓铣"对话框，在"固定轮廓铣"对话框"刀轴"项，"轴"设置为"指定矢量"，单击"指定矢量"按钮 ，选"+Y"方向作为法向矢量方向。在"驱动方法"单击"方法"编辑按钮 ，进入"曲面区域驱动方法"对话框单击"指定驱动几何体"按钮 ，选择螺纹孔过渡圆弧作为驱动几何体，设置驱动参数后单击"确定"按钮，如图 4-52 所示。

E4-4　工序
11～13

4 PROJECT

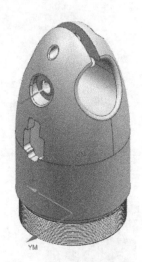

图 4-50　生成刀具路径

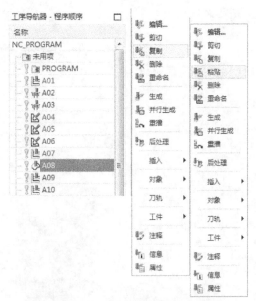

图 4-51　复制固定轮廓铣加工程序

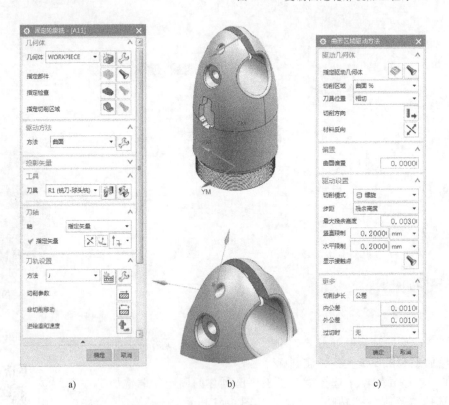

a)　　　　　　　　　　b)　　　　　　　　　　c)

图 4-52　设置驱动方法

3）在"固定轮廓铣"对话框单击"非切削移动"按钮，进入"非切削移动"对话框，"进刀"和"退刀"选项卡参数设置如图 4-53 所示。

4）在"固定轮廓铣"对话框单击"生成"按钮，生成刀具路径，如图 4-54 所示。

图 4-53 非切削移动

图 4-54 生成刀具路径

12. 精加工 φ7.5mm 孔过渡圆弧 1

1）复制上一步工序创建的固定轮廓铣刀具路径，双击固定轮廓铣刀具路径进入"固定轮廓铣"对话框。

2）在"固定轮廓铣"对话框"刀轴"项，"轴"设置为"指定矢量"，单击"指定矢量"按钮 ，选"-Y"方向作为法向矢量方向。在"驱动方法"单击"方法"编辑按钮 ，弹出"曲面区域驱动方法"对话框。单击"指定驱动几何体"按钮 ，选择 φ7.5mm 孔过渡圆弧作为驱动几何体，设置驱动参数后单击"确定"按钮，如图 4-55 所示。

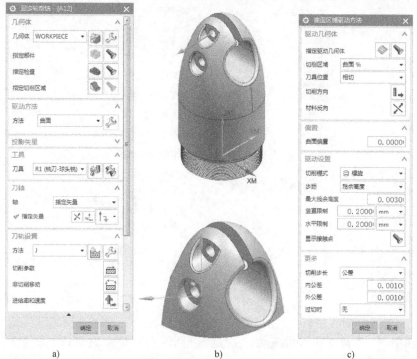

a)   b)   c)

图 4-55 设置驱动方法

PROJECT 4

3）在"固定轮廓铣"对话框单击"非切削移动"按钮 ，进入"非切削移动"对话框，"光顺"选项卡参数设置如图 4-56 所示。

4）在"固定轮廓铣"对话框单击"生成"按钮 ，生成刀具路径，如图 4-57 所示。

图 4-56　非切削移动

图 4-57　生成刀具路径

13. 精加工 ϕ7.5mm 孔过渡圆弧 2

1）在"工序导航器"选择上一步工序创建的"固定轮廓铣"加工程序，单击右键，选择"对象"→"变换"选项，如图 4-58 所示。

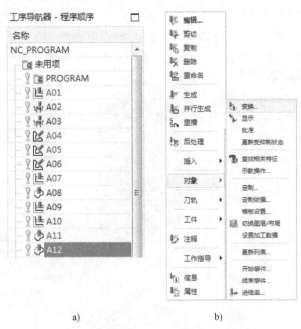

a)　　　　　　　　b)

图 4-58　复制固定轮廓铣加工程序

2）进入"变换"对话框，"类型"设置为"绕点旋转"；"变换参数"项，"指定枢轴点"选择圆柱中心，"角方法"设置为"指定"，"角度"设置为"180"；"结果"设置为"实例"，如图 4-59 所示。

3）在"变换"对话框单击"确定"按钮，生成刀具路径，如图4-60所示。

图 4-59　变换

a)　　　　b)

图 4-60　生成刀具路径

14. 粗加工 φ14mm 孔

1）在"工序导航器"复制第二步工序创建的孔铣刀具路径，双击孔铣刀具路径进入"孔铣"对话框。"刀具"选择"D8"，"几何体"选择"WORK-PIECE"。单击"指定特征几何体"按钮，进入"特征几何体"对话框，删除原特征列表中的项目，点选 φ14mm 孔，相关参数设置如图4-61所示。

E4-5　工序14～16

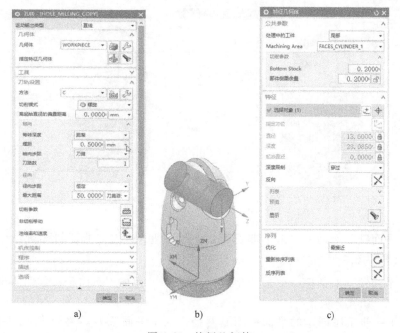

a)　　　　　b)　　　　　c)

图 4-61　特征几何体

2）在"孔铣"对话框单击"切削参数"按钮　，进入"切削参数"对话框，"策略"

选项卡参数设置如图 4-62 所示。

3）在"孔铣"对话框单击"生成"按钮 ![icon]，生成刀具路径，如图 4-63 所示。

图 4-62　设置切削参数

图 4-63　生成刀具路径

15. 精加工 φ14mm 孔

1）在"工序导航器"通过右键复制粘贴已创建的平面铣刀具路径，双击平面铣刀具路径进入"平面铣"对话框。"刀具"选择"D8"，"刀轨设置"项"方法"设置为"J"，"附加刀路"设为"0"；"指定部件边界"通过"全部重选"，选择 φ14mm 孔轮廓；"指定底面"将基准坐标系的 YZ 平面偏移 17mm 作为底面；"切削层"中"每刀切削深度"设为"17"，相关参数设置如图 4-64 所示。

图 4-64　指定部件边界和底面

2）在"平面铣"对话框单击"非切削移动"按钮，进入"非切削移动"对话框"进刀"选项卡参数设置如图 4-65 所示。

3）在"平面铣"对话框，单击"生成"按钮 ![icon]，生成刀具路径，如图 4-66 所示。

16. 精加工 3mm 开放槽

1）复制上一步工序创建的平面铣刀具路径，双击平面铣刀具路径进入"平面铣"对话框。"刀具"选择"D3"，"刀轨设置"项"方法"设置为"J"，"刀轴"设置为"+ZM"轴，附加刀路设为"0"，"指定部件边界"通过"全部重选"，选择 3mm 开放槽曲线边界；"指定

4 PROJECT

底面"将基准坐标系的 *XY* 平面负向偏置 26mm 作为底面;"切削层"中"每刀切削深度"设为"0.3",相关参数设置如图 4-67 所示。

图 4-66　生成刀具路径

a)　　　　　　　　　　　　　　b)

图 4-65　非切削移动

a)　　　　　　　　　　　　　b)　　　　　　　　　　　　c)

图 4-67　指定部件边界和底面

2)在"平面铣"对话框单击"非切削移动"按钮,进入"非切削移动"对话框"进刀"选项卡参数设置如图 4-68 所示。

3)在"平面铣"对话框单击"生成"按钮 ![icon],生成刀具路径,如图 4-69 所示。

17. 粗加工凹槽

1)在"插入"工具条单击"创建工序"按钮 ![icon],进入"创建工序"对话框。"类型"选择"mill_contour","工序子类型"选择"型腔铣"图标 ![icon],"刀具"选择"D3","几何体"选择"WORKPIECE","方法"选择"MILL_ROUGH",如图 4-70 所示。

2)单击"确定"按钮进入"型腔铣"对话框。在"型腔铣"对话框,按 <Ctrl+W> 组合键设置显示曲线,单击"指定修剪边界"按钮,进入"修剪边界"对话框,过滤器选择"相连曲线",选取现有的曲线作为限制加工的范围,如图 4-71 所示。

E4-6　工序
17~19

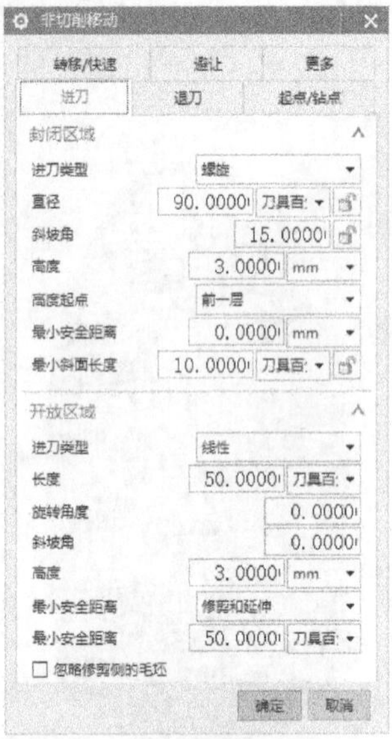

图 4-68　非切削移动

图 4-69　生成刀具路径

图 4-70　创建工序

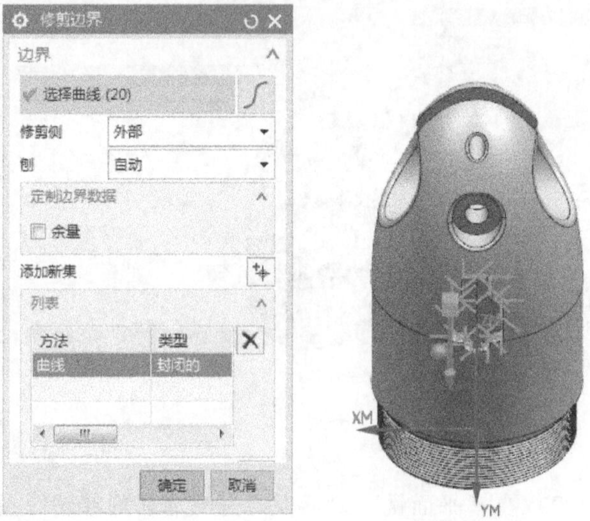

a)　　　　　　b)

图 4-71　修剪边界

3）在"型腔铣"对话框"刀轴"项，"轴"设置为"指定矢量"，通过自动判断，选择垂直于加工面的方向，在"刀轨设置"项设置"切削模式"与"公共每刀切削深度"，单击"切削层"按钮进入"切削层"对话框，设置加工范围，如图 4-72 所示。

4）在"型腔铣"对话框单击"切削参数"按钮，进入"切削参数"对话框，"策略"和"余量"选项卡参数设置，如图 4-73 所示。

5）在"型腔铣"对话框单击"非切削移动"按钮，进入"非切削移动"对话框，"进刀"和"转移/快速"选项卡参数设置如图 4-74 所示。

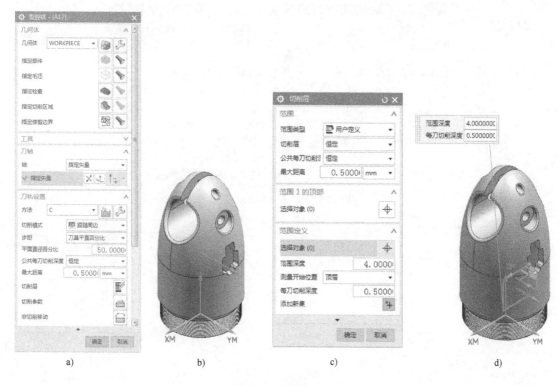

图 4-72　型腔铣

图 4-73　切削参数

6）在"型腔铣"对话框单击"生成"按钮 ，生成刀具路径，如图 4-75 所示。

18. 二次粗加工凹槽

复制上一步工序创建的型腔铣刀具路径，双击型腔铣刀具路径进入"型腔铣"对话框。"刀具"选择"D2"；对"切削参数"对话框中"空间范围"选项卡进行参数设置；最后生

图 4-74 非切削移动

成刀具路径，如图 4-76 所示。

图 4-75 生成刀具路径

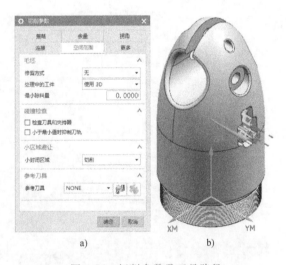

图 4-76 切削参数及刀具路径

19. 精加工凹槽轮廓

1）复制已创建的平面铣刀具路径，双击平面铣刀具路径进入"平面铣"对话框。"刀具"选择"D2"，"刀轨设置"项"方法"设置为"J"。"指定部件边界"通过"全部重选"，选择凹槽轮廓曲线；"指定底面"将基准坐标系的 XZ 平面偏置 11.8mm 作为底面；"刀轴"项，"轴"设置为"指定矢量"，选择垂直于加工面的方向，如图 4-77所示。

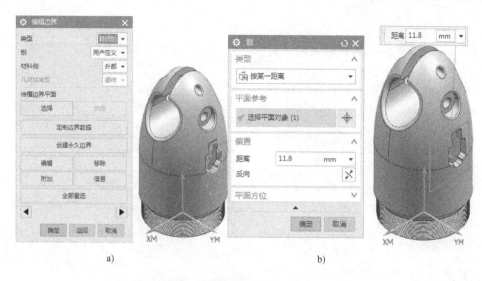

a)　　　　　　　　　　　　　　　　b)

c)

图 4-77　指定部件边界和底面

2）在"平面铣"对话框单击"切削参数"按钮，进入"切削参数"对话框，"余量"选项卡参数设置如图 4-78 所示。

3）在"平面铣"对话框，单击"非切削移动"按钮，进入"非切削移动"对话框，"进刀"选项卡参数设置如图 4-79 所示。

4）在"平面铣"对话框单击"生成"按钮，生成刀具路径，如图 4-80 所示。

20. 精加工 φ14mm 孔过渡圆弧 1

1）复制已创建的固定轮廓铣刀具路径，双击固定轮廓铣刀具路径进入"固定轮廓铣"对话框。单击"指定检查"按钮，移除检查几何体。"刀具"选择"D4R2"；"刀轴"项中"轴"设置为"指定矢量"，通过自动判断矢量选择 X 轴。在"驱动方法"单击"方法"编辑按钮，进入"曲面区域驱动方法"对话框。单击"指定驱动几何体"按钮，选择 φ14mm 孔过渡圆弧为驱动几何体，"驱动设置"项切削模式设置为"往复"，如图 4-81 所示。

E4-7　工序 20～21 及后处理

图 4-78　切削参数

图 4-79　非切削移动

图 4-80　生成刀具路径

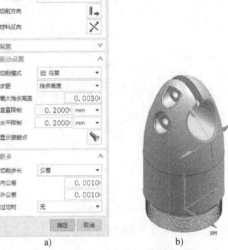

a)　　　　　b)

图 4-81　设置驱动方法

2）在"固定轮廓铣"对话框单击"非切削移动"按钮，进入"非切削移动"对话框，"光顺"选项卡参数设置如图 4-82 所示。

3）在"固定轮廓铣"对话框单击"生成"按钮，生成刀具路径，如图 4-83 所示。

21. 精加工 φ14mm 孔过渡圆弧 2

在"工序导航器"选择上一步工序创建的"固定轮廓铣"加工程序，单击右键，选择"对象"→"变换"选项，通过"绕点旋转"进行实例阵列，单击"确定"阵列程序，生成阵列刀具路径如图 4-84 所示。

图 4-82　非切削移动

图 4-83　生成刀具路径

图 4-84　阵列刀具路径

三、无人机螺旋桨连接零件加工 NC 程序的生成

在"工序导航器"中，选取已生成的刀具路径文件，单击右键选择"后处理"功能，在"后处理"对话框中选择合适的"后处理器"，单击"确定"按钮生成无人机螺旋桨连接零件加工 NC 程序，如图 4-85 所示。

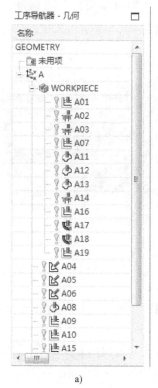

a)

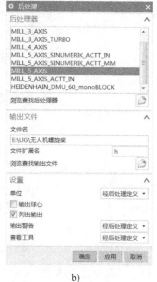

b)

c)

图 4-85　无人机螺旋桨连接零件加工 NC 程序生成

四、VERICUT8.0 数控仿真

1. 构建仿真项目

1) 双击软件 VERICUT8.0 快捷方式进入软件，如图 4-86 所示。

E4-8　数控仿
真 1~2

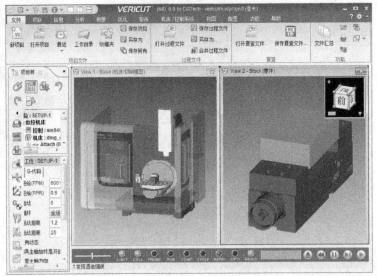

图 4-86　VERICUT8.0 软件界面

2) 在"文件"工具栏单击"新项目"按钮，进入"新的 VERICUT 项目"对话框，选择"从一个模板开始"，单击"浏览"按钮，选择"example \ Chap04 \ Vericut8.0"目录下文件"5a. vcproject"（见素材资源包），如图 4-87 所示。

3) 单击"确定"按钮，加载机床，如图 4-88 所示。

图 4-87　新建仿真项目

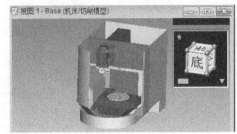

图 4-88　加载机床

2. 仿真模型（工装）加载和定位

1) 首先项目树"附属"节点下添加"夹具"和"毛坯"。在"项目树"选择"Fixture"节点，单击右键选择"添加模型"→"模型文件"，如图 4-89 所示。

2) 在"项目树"再次选择"Fixture"节点，单击右键选择"添加模型"→"模型文件"，如图 4-90 所示。

3) 在"项目树"选择模型"sanzhua_102_1"，并复制出两个相同的模型，在"配置模型"选择"旋转"→"圆心"，单击按钮 选择坐标系模型中圆的 XY 平面（图 4-91b），再选择坐标系模型中的圆柱面（图 4-91c），单击 更新方向，修改"增量"为"120"，单击按钮，夹具定位如图 4-91 所示。

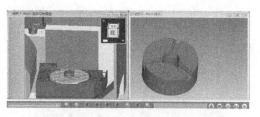

图 4-89 添加夹具 1

图 4-90 添加夹具 2

a)

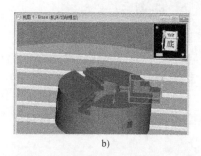

b)

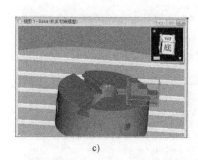

c)

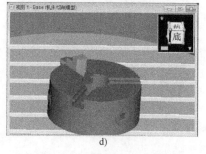

d)

图 4-91 夹具定位 1

4）参考上一步操作对另两个夹具模型进行定位，如图 4-92 所示。

5）在"项目树"选择模型"fix1_103_0"，在"配置模型"选择"移动"选项卡，设置从"圆心"到"圆心"，单击按钮 选取目标元素后单击按钮 移动 ，如图 4-93 所示。

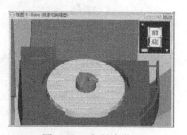

图 4-92 夹具定位 2

a)

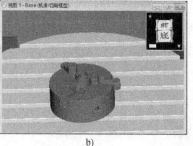

b)

图 4-93 夹具定位 3

6）在"项目树"选择"Stock"节点，单击右键选择"添加模型"→"stock_103_0"，如

4 PROJECT

图 4-94 所示。

7）在"项目树"选择"stock_103_0"，在"配置模型"的"移动"选项卡中，通过"圆心"到"圆心"设置移动毛坯，如图 4-95 所示。

图 4-94　添加毛坯

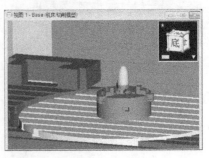

图 4-95　毛坯定位 1

8）选择模型"sanzhua_102_1"，通过"移动"到"顶点"设置移动夹具，如图 4-96 所示。

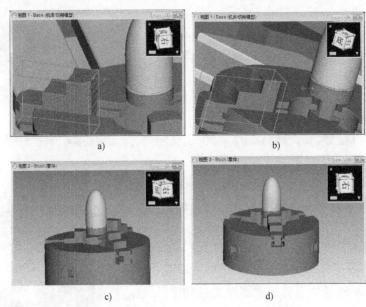

a)

b)

c)

d)

图 4-96　毛坯定位 2

3. 加工坐标系的配置

1）在"项目树"选择"坐标系"节点，在"配置坐标系"单击按钮 添加新的坐标系 ，如图 4-97 所示。

2）在"配置坐标系"选择"CSYS"选项卡，单击"位置"输入框，输入框变色（亮黄色），如图 4-98 所示。

3）在操作界面捕捉毛坯的端面，如图 4-99 所示。

4）在"配置坐标系"选择"CSYS"选项卡，单击"角度"输入框，输入框变色（亮黄色），输入参数后回车，如图 4-100 所示。

E4-9　数控仿真 3～8

图 4-97　添加新的坐标系

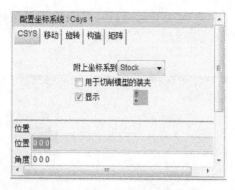

图 4-98　配置坐标系统

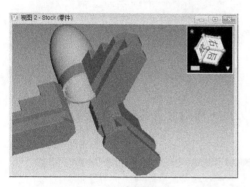

图 4-99　捕捉端面

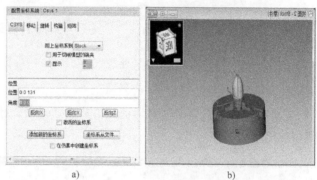

a)　　　　　　　　　　b)

图 4-100　配置坐标系统

4. 配置 G-代码偏置

在"项目树"选择"G-代码偏置","偏置名"设置为"工作偏置","寄存器"设置为"1",单击"添加"按钮,进入"配置工作偏置"对话框;"配置工作偏置"对话框中"到"设置为"坐标原点",如图 4-101 所示。

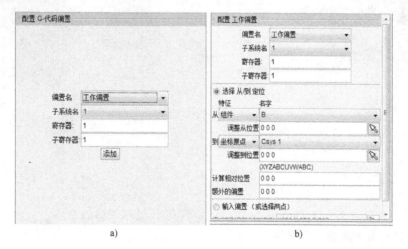

a)　　　　　　　　　　　　b)

图 4-101　配置工作偏置

5. 刀具库的创建

1) 双击"项目树"中的"加工刀具"节点,进入"刀具管理器"对话框,如图 4-102 所示。

4

PROJECT

2）在"刀具管理器"对话框单击按钮 ▼ 铣刀 ，创建铣刀，如图 4-103 所示，设置相应参数。

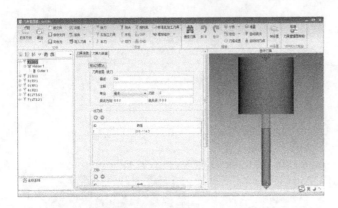

图 4-102　刀具管理器

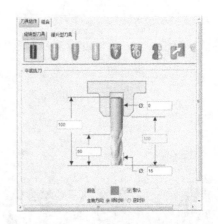

图 4-103　创建铣刀

3）在"刀具管理器"对话框单击节点 ZT2.2，对刀点下面数值变黄色，单击刀柄顶部中间，如图 4-104 所示。

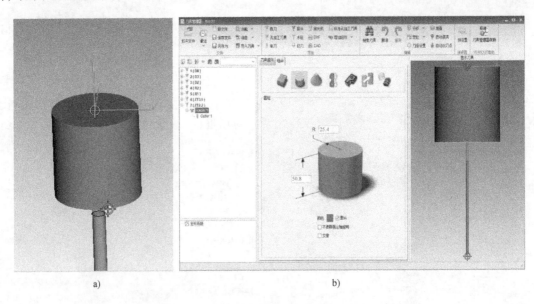

a)　　　　　　　　　　　　　　　　b)

图 4-104　调整铣刀对刀点

4）在"刀具管理器"对话框单击按钮 🔒 保存文件 ，保存创建的刀具。

6. 仿真校验所生成的 NC 程序

1）在"项目树"选择"数控程序"节点，进入"配置数控程序"对话框，单击按钮 添加数控程序文件 ，如图 4-105 所示。

2）选择"example \ Chap04 \ Vericut8.0"目录下文件"A1.h；A2.h；A3.h；A4.h；A5.h；A6.h；A7.h"（见素材资源包），完成后项目树如图 4-106 所示。

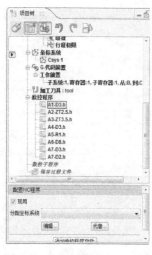

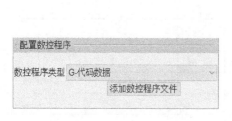

图 4-105 添加数控程序文件

图 4-106 配置完成的项目树

7. 运行 NC 程序

在 VERICUT8.0 主界面右下方单击仿真按钮 ▶，仿真结果如图 4-107 所示。

a)   b)

图 4-107 无人机螺旋桨连接零件加工仿真结果

8. 文件汇总

在"文件"工具栏单击按钮 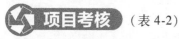，弹出"文件汇总"对话框，单击拷贝按钮 🗐，选择目标存放路径保存文件。

🔄 项目考核 （表 4-2）

表 4-2 无人机螺旋桨连接零件加工项目考核卡

考核项目	考核内容	评价（0~10分）				考核者
		差	一般	好	很好	
		0~3分	4~6分	7~8分	9~10分	
职业素养	态度积极主动，能自主学习及相互协作，尊重他人，注重沟通					
	遵守学习场所管理纪律，能服从教师安排					
	学习过程全勤，配合教学活动					

（续）

考核项目	考核内容	评价（0~10分）				考核者
		差	一般	好	很好	
		0~3分	4~6分	7~8分	9~10分	
技能目标	能学完项目的基础理论知识					
	能通过获取有效资源解决学习中的难点					
	能运用项目的基础理论知识进行手动或软件编程					
	能运用项目的基础理论知识编制加工工艺或编制工作步骤					
	能编制项目零件的加工刀具路径					
	能通过软件仿真测试编制程序的合理性，并完善					
	能分析项目零件编程技术的难点，并总结改进					
合计						

练习题

在素材资源包中打开"example \ Chap04 \ NX10.0"目录下的"吹瓶模具.prt"文件，如图 4-108 所示，以本项目案例为参考，完成吹瓶模具零件加工程序编制的练习。

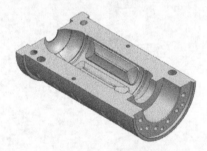

图 4-108　吹瓶模具

主航体零件的加工

加工主航体零件，制订主航体零件的加工工艺，根据零件加工要求合理选择加工刀具的类型，结合加工刀具确定合适的切削参数，掌握五轴加工程序编制中多轴轮廓加工，曲面驱动、曲线驱动、点驱动等刀具路径的编程技术。

项目描述

主航体零件为回转类零件，该零件上方具有 $\phi55mm$ 圆柱凸台，凸台内部有尺寸为 M32×1.5-6H 的内螺纹通孔，螺纹孔的深度是 32mm。下方是 $\phi107mm$ 圆柱体，圆柱体内部有尺寸为 $\phi80mm$ 内孔。距圆柱体中心 50mm 位置需要在轴向加工出平面且刻"空间一号"字样，刻字深度 0.15mm。圆柱体外表面不同位置处分布有两个通孔和两个凹槽，在零件上部锥面上还有阶梯孔。该零件较为复杂，综合考虑精度要求和加工效率等因素，精加工将采用定轴加工与五轴联动加工相互结合的方式。使用编程软件编制加工的刀具路径，选择合适的驱动方法进行零件加工。主航体零件图及毛坯零件图分别如图 5-1 和图 5-2 所示。

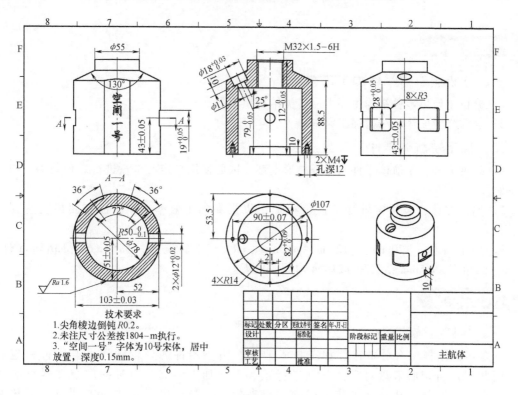

图 5-1 主航体零件图

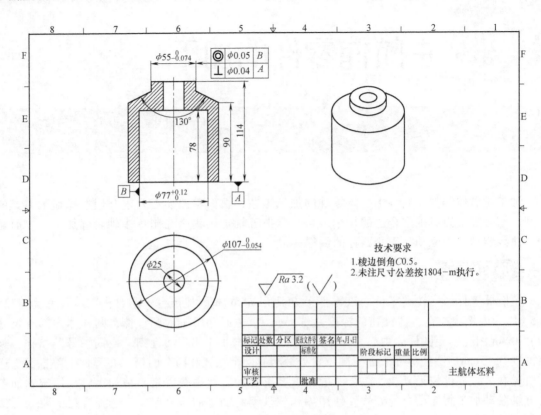

图 5-2 主航体毛坯零件图

相关知识

一、分析主航体零件加工工艺

1）分析主航体零件结构主要由回转类结构组成。

2）要求将主航体各结构加工完毕。

二、确定主航体零件加工方法

1）装夹方式：主航体零件采用圆柱形毛坯，因此使用自定心卡盘进行定位装夹，以减少定位误差。

2）加工方法：采用定轴加工进行粗加工以提高加工效率，并保证表面精度达到图样要求。

3）加工刀具：$\phi20$mm、$\phi12$mm、$\phi10$mm、$\phi8$mm 平底铣刀，$\phi8R4$mm，$\phi3R5$mm 球刀，$\phi10$mm 倒角刀，$\phi5$mm 钻头和 $\phi21$mm 内螺纹铣刀。

项目实施

一、制订主航体零件加工工艺

根据零件图样综合分析零件加工技术要求。由于零件内外轮廓均需要进行相应的加工，因此采用自定心卡盘对零件分别进行正、反面加工装夹，通过一次装夹尽可能加工出零件所有的特征，从而减少装夹次数，提高效率。制订出的主航体零件加工工艺见表5-1。

表 5-1　主航体零件加工工艺

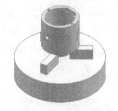

	正面加工装夹示意图			反面加工装夹示意图	

工序	工序内容	刀具	主轴转速 /(r/min)	进给率 /(mm/min)	切削深度 /mm
	正面加工工序				
1	粗加工 φ55mm 圆柱顶面	φ20mm 平底铣刀	6000	800	0.5
2	粗加工 M32 内螺纹通孔	φ12mm 平底铣刀	3500	3000	1
3	精加工 M32 内螺纹通孔	φ12mm 平底铣刀	4500	800	16
4	φ55mm 圆柱凸台倒角	φ10mm 倒角刀	6000	800	1
5	粗加工 φ18mm 孔	φ10mm 平底铣刀	3500	2000	1
6	粗加工 φ11mm 孔	φ10mm 平底铣刀	3500	1000	0.5
7	精加工 φ18mm 孔	φ10mm 平底铣刀	4500	800	10
8	精加工 φ11mm 孔	φ10mm 平底铣刀	4500	600	6
9	精加工 M32 内螺纹通孔	φ21mm 内螺纹铣刀	5000	2000	/
10	精加工 φ18mm 孔边缘倒角	φ8R4mm 球刀	8000	3000	/
	反面加工工序				
1	粗加工 φ107mm 圆柱顶面	φ20mm 平底铣刀	6000	800	0.5
2	粗加工刻字平面	φ20mm 平底铣刀	3500	3000	25
3	精加工刻字平面	φ20mm 平底铣刀	6000	800	0.2
4	粗加工 82mm 尺寸特征的两个凹槽	φ12mm 平底铣刀	4000	3000	1
5	精加工 82mm 尺寸特征的两个凹槽	φ12mm 平底铣刀	4000	3000	10
6	粗加工圆柱外侧 103mm 尺寸特征的凹槽 1	φ12mm 平底铣刀	4000	2000	5
7	粗加工圆柱外侧 103mm 尺寸特征的凹槽 2	φ12mm 平底铣刀	4000	2000	5
8	精加工圆柱外侧 103mm 尺寸特征的凹槽 1	φ12mm 平底铣刀	4000	2000	0.2
9	精加工圆柱外侧 103mm 尺寸特征的凹槽 2	φ12mm 平底铣刀	4000	2000	0.2
10	粗加工圆柱外侧 φ12mm 通孔 1	φ8mm 平底铣刀	3500	1500	1
11	粗加工圆柱外侧 φ12mm 通孔 2	φ8mm 平底铣刀	3500	1500	1
12	精加工圆柱外侧 φ12mm 通孔 1	φ8mm 平底铣刀	6000	1500	12
13	精加工圆柱外侧 φ12mm 通孔 2	φ8mm 平底铣刀	6000	1500	12
14	粗加工圆柱外侧方槽 1	φ8mm 平底铣刀	4000	2500	0.5
15	粗加工圆柱外侧方槽 2	φ8mm 平底铣刀	4000	2500	0.5
16	精加工圆柱外侧方槽侧壁 1	φ8mm 平底铣刀	6000	800	5
17	精加工圆柱外侧方槽侧壁 2	φ8mm 平底铣刀	6000	800	5
18	精加工圆柱外侧方槽底面 1	φ8R4mm 球刀	8000	800	5
19	精加工圆柱外侧方槽底面 2	φ8R4mm 球刀	8000	800	5
20	钻两个 M6 螺纹孔	φ5mm 钻头	6000	800	/
21	加工圆柱外侧面刻度线 1	φ3R5mm 球刀	6000	800	5
22	加工圆柱外侧面刻度线 2	φ3R5mm 球刀	6000	800	5
23	加工刻字平面	φ10mm 倒角刀	6000	500	0.2
24	加工 φ107mm 圆柱边缘倒角	φ10mm 倒角刀	6000	800	3
25	加工两个 M6 螺纹孔边缘倒角	φ10mm 倒角刀	6000	800	3

5 PROJECT

E5-1　正面
工序 1

二、主航体零件加工刀具路径的编制

（一）正面加工刀具路径的编制

1. 粗加工 φ55mm 圆柱顶面

1）选择"开始"→"所有程序"→"Siemens NX 10.0"→"NX 10.0"命令，进入软件 NX 10.0 初始界面，如图 5-3 所示。

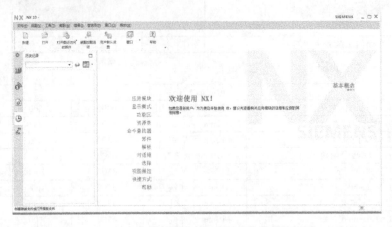

图 5-3　NX 10.0 初始界面

2）在标准工具条单击"打开"按钮，进入"打开"对话框，选择"example \ Chap05 \ NX10.0"路径下的"主航体 . prt"文件（见素材资源包），单击"OK"按钮打开文件，如图 5-4 所示。

3）在 NX10.0 基本环境下按<Ctrl+Alt+M>组合键，进入"加工环境"对话框，"要创建的 CAM 设置"选择"mill_ planar"，单击"确定"按钮，如图 5-5 所示。

图 5-4　主航体模型

图 5-5　加工环境

4）在"工序导航器"空白位置单击右键，选择"几何视图"选项，将导航器切换至几何视图。对"MCS"节点单击右键，选择"重命名"选项，将"MCS"重命名为"A"，"WORKPIECE"重命名为"A1"，如图 5-6 所示。

5）在"工序导航器"界面双击节点 进入"MCS 铣削"对话框，如图 5-7 所示。

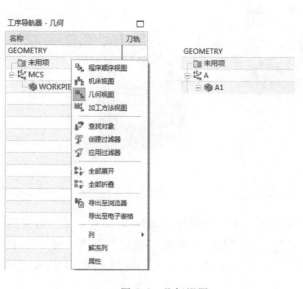

图 5-6　几何视图

图 5-7　MCS 铣削

6）单击按钮 进入"CSYS"对话框，"类型"选择"自动判断"，选择模型顶面中心作为坐标系放置位置；再将"类型"设置为"动态"，旋转调整坐标系，单击"确定"按钮完成加工坐标系设置，如图 5-8 所示。

a)　　　　　　　　b)

图 5-8　设置加工坐标系

7）在"工序导航器"双击节点"A"下的节点"A1"，进入"工件"对话框。"指定部件"选择需要加工的零件；按<Ctrl+L>组合键设置显示毛坯图层，"指定毛坯"选择毛坯图层模型，如图 5-9 所示。再按<Ctrl+L>组合键设置毛坯隐藏。

8）在插入工具条单击"创建刀具"按钮，"创建刀具"对话框。"类型"选择"mill_planar"，"刀具子类型"选择第一个小图标（MILL），"名称"为"D20"，单击"确定"按钮，进入"铣刀-5 参数"对话框，设置刀具"直径"为"20"，单击"确定"按钮退出对话框，如图 5-10 所示。

9）参考上一步操作分别创建 $\phi12$mm、$\phi10$mm、$\phi8$mm 平底铣刀。

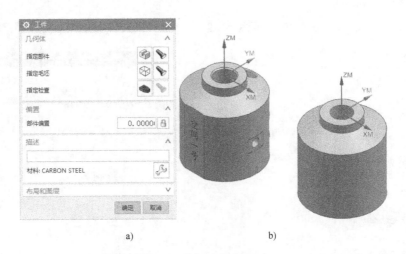

图 5-9　指定部件和毛坯

10）在插入工具条单击"创建刀具"按钮 ，进入"创建刀具"对话框。"刀具子类型"选择第三个小图标（BALL_MILL），"名称"为"R4"，单击"确定"按钮，进入"铣刀-球头铣"对话框，设置刀具"球直径"为"8"，单击"确定"按钮退出对话框，如图 5-11 所示。

11）参考上一步操作创建加工刀具 $\phi3R5mm$ 球刀。

12）在插入工具条单击"创建刀具"按钮 ，进入"创建刀具"对话框。"刀具子类型"选择第九个小图标（THREAD_MILL），"名称"为"LW"，单击"确定"按钮，进入"螺纹铣刀"对话框，设置刀具"直径"为"21"，单击"确定"按钮退出对话框，如图 5-12 所示。

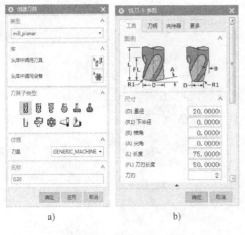

图 5-10　创建刀具 D20

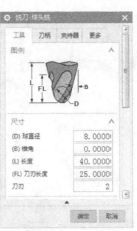

图 5-11　创建刀具 R4

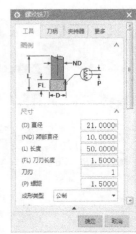

图 5-12　创建刀具 LW

13）在插入工具条单击"创建刀具"按钮 ，进入"创建刀具"对话框。"类型"选择"drill"，"刀具子类型"选择第三个小图标（DRILLING_TOOL），"名称"为"ZT5"，单击"确定"按钮，进入"钻刀"对话框，设置刀具"直径"为"5"，然后单击"确定"按钮退出对话框，如图 5-13 所示。

14）在插入工具条单击"创建刀具"按钮 ，进入"创建刀具"对话框。"类型"选择

"drill"，"刀具子类型"选择第七个小图标（COUNTERSINKING_TOOL），"名称"为"DJ10×45"，单击"确定"按钮，进入"铣刀-5 参数"对话框，设置刀具"直径"为"10"，然后单击"确定"按钮退出对话框，如图 5-14 所示。

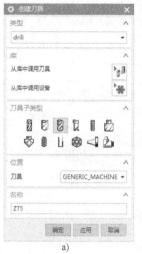
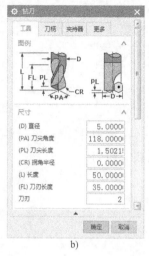

图 5-13　创建刀具 ZT5

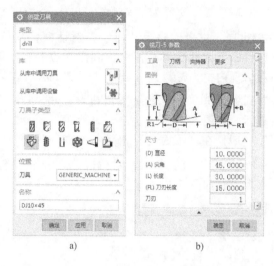

图 5-14　创建倒角刀具 DJ10×45

15）"工序导航器"切换至加工方法视图。在插入工具条单击"创建方法"按钮 ，进入"新建方法"对话框。"方法"选择"MILL_ROUGH"，"名称"为"C"，单击"确定"按钮进入"铣削方法"对话框，设置相关余量和公差参数，单击"确定"按钮退出对话框，如图 5-15 所示。

E5-2　正面
工序 1~3

16）在插入工具条单击"创建方法"按钮 ，进入"新建方法"对话框，"方法"选择"MILL_FINISH"，"名称"为"j"，单击"确定"按钮进入"铣削方法"对话框，设置相关余量和公差参数，单击"确定"按钮退出对话框，如图 5-16 所示。

图 5-15　铣削方法

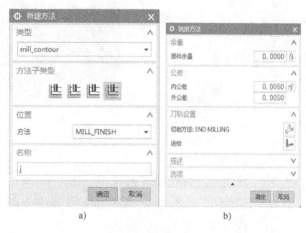

图 5-16　设置精加工公差参数

17）"工序导航器"切换至几何视图。在插入工具条单击"创建工序"按钮 ，进入"创建工序"对话框。"类型"选择"mill_planar"，"工序子类型"选择"平面铣"图标 ，

"刀具"选择"D20","几何体"选择"A1","方法"选择"C",如图 5-17 所示。

18）单击"确定"按钮进入"平面铣"对话框，"切削模式"设置为"轮廓"，单击"指定部件边界"按钮 ，进入"边界几何体"对话框，具体操作参照项目四，本处选择圆柱外轮廓作为边界；"创建边界"对话框内，"材料侧"项选择"外部"。在"平面铣"对话框单击"指定底面"按钮 ，选择顶面作为加工平面，如图 5-18 所示。

19）在"平面铣"对话框单击"切削参数"按钮 ，进入"切削参数"对话框，"余量"选项卡切削参数设置如图 5-19 所示。

图 5-17　创建工序

a)

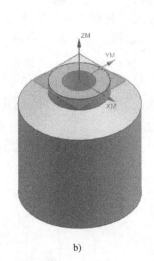

b)

图 5-18　指定部件边界和底面

图 5-19　切削参数

20）在"平面铣"对话框单击"非切削移动"按钮 ，进入"非切削移动"对话框，"进刀"选项卡的"进刀点"选择圆柱顶面中心，如图 5-20 所示。

21）在"平面铣"对话框单击"生成"按钮 ，生成刀具路径，如图 5-21 所示。

2. 粗加工 M32 内螺纹通孔

1）在插入工具条单击"创建工序"按钮 ，进入"创建工序"对话框。"类型"选择"mill_planar"，"工序子类型"选择"孔铣"图标 ，"刀具"选择"D12C"，"几何体"选

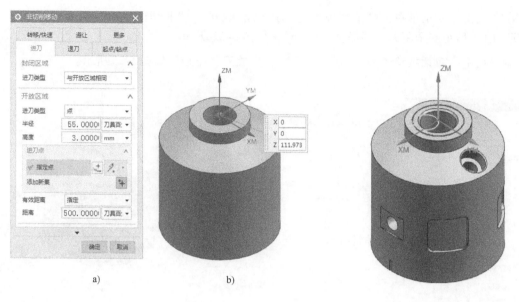

图 5-20　非切削移动

图 5-21　生成刀具路径

择"A1","方法"选择"C",如图 5-22 所示。

2）单击"确定"按钮进入"孔铣"对话框,在"孔铣"对话框单击"指定特征几何体"按钮，选择圆柱内孔作为几何体,设置孔特征深度"35mm"。"孔铣"对话框"刀轨设置"项,"螺距"设置为"1mm","最大距离"设置为"20mm",如图 5-23 所示。同项目四,为避免机床运行 3D 螺旋加工时报警,此处将"运动输出类型"设置为"直线"。

图 5-22　创建工序

图 5-23　孔铣

3）在"孔铣"对话框单击"切削参数"按钮，进入"切削参数"对话框,"余量"选项卡切削参数设置如图 5-24 所示。

4）在"孔铣"对话框单击"非切削移动"按钮 ，进入"非切削移动"对话框，"进刀"选项卡的"最小安全距离"设置为"1mm"，如图 5-25 所示。

5）在"孔铣"对话框单击"生成"按钮 ，生成刀具路径，如图 5-26 所示。

图 5-24 切削参数

图 5-25 非切削移动

图 5-26 生成刀具路径

3. 精加工 M32 内螺纹通孔

1）在插入工具条单击"创建工序"按钮 ，进入"创建工序"对话框。"类型"选择"mill_contour"，"工序子类型"选择"实体轮廓 3D"图标 ，"刀具"选择"D12C"，"几何体"选择"A1"，"方法"选择"J"，如图 5-27 所示。

2）单击"确定"按钮进入"实体轮廓 3D"对话框。在"实体轮廓 3D"对话框单击"指定壁"按钮 ，选择螺纹内孔；"刀轨设置"项的"部件余量"设置为"-0.01"，如图 5-28 所示。

a)

b)

图 5-27 创建工序

图 5-28 实体轮廓 3D

3）在"实体轮廓 3D"对话框单击"切削参数"按钮 ⊞，进入"切削参数"对话框，"多刀路"选项卡切削参数设置如图 5-29 所示。

4）在"实体轮廓 3D"对话框单击"生成"按钮 ，生成刀具路径，如图 5-30 所示。

图 5-29　切削参数

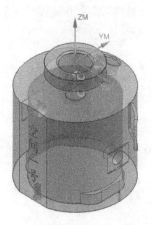

图 5-30　生成刀具路径

4. φ55mm 圆柱凸台倒角

1）在"工序导航器"通过右键复制粘贴上一步工序创建的实体轮廓 3D 刀具路径，双击实体轮廓 3D 刀具路径进入"实体轮廓 3D"对话框。在"实体轮廓 3D"对话框单击"指定壁"按钮 ，选择圆柱顶面的内、外倒角边；"刀具"选择"DJ10×45"，"部件余量"设置为"-3"，"Z 向深度偏置"设置为"2"，如图 5-31 所示。

E5-3　正面工序 4~7

a)

b)

图 5-31　实体轮廓 3D

2）在"实体轮廓 3D"对话框单击"切削参数"按钮 ⏚，进入"切削参数"对话框，"多刀路"选项卡切削参数设置如图 5-32 所示。

3）在"实体轮廓 3D"对话框单击"生成"按钮 ⏚，生成刀具路径，如图 5-33 所示。

图 5-32　切削参数

图 5-33　生成刀具路径

5. 粗加工 φ18mm 孔

1）在插入工具条单击"创建工序"按钮 ⏚，进入"创建工序"对话框"类型"选择"mill_planar"，"工序子类型"选择"孔铣"图标 ⏚，"刀具"选择"D10"，"几何体"选择"A1"，"方法"选择"C"，如图 5-34 所示。

2）在"孔铣"对话框单击"指定特征几何体"按钮 ⏚，选择侧向内孔作为几何体；"刀轨设置"项的"螺距"设置为"1mm"，"刀路数"设置为"1"，如图 5-35 所示。同时，将"运动输出类型"设置为"直线"。

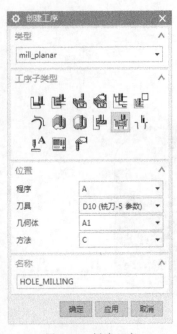

图 5-34　创建工序

a)

b)

图 5-35　孔铣

3）在"孔铣"对话框单击"切削参数"按钮 ，进入"切削参数"对话框，"余量"选项卡切削参数设置如图5-36所示。

4）在"孔铣"对话框单击"非切削移动"按钮 ，进入"非切削移动"对话框，"进刀"选项卡的"最小安全距离"设置为"1mm"，如图5-37所示。

5）在"孔铣"对话框单击"生成"按钮 ，生成刀具路径，如图5-38所示。

图 5-36　切削参数　　　　图 5-37　非切削移动　　　　图 5-38　生成刀具路径

6. 粗加工 φ11mm 孔

1）在"工序导航器"通过右键复制粘贴上一步创建的孔铣刀具路径，双击孔铣刀具路径，进入"孔铣"对话框。在"孔铣"对话框单击"指定特征几何体"按钮 ，将之前已选的侧向内孔先删除，再选择侧向较小的内孔作为几何体；"刀轨设置"项的"螺距"设置为"0.5mm"，如图5-39所示。

2）在"孔铣"对话框单击"生成"按钮 ，生成刀具路径，如图5-40所示。

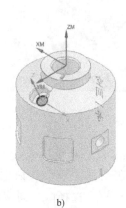

a)　　　　　　　　　　b)

图 5-39　孔铣

图 5-40　生成刀具路径

7. 精加工 φ18mm 孔

1）在"工序导航器"通过右键复制粘贴已创建的实体轮廓3D刀具路径，双击实体轮廓3D刀具路径进入"实体轮廓3D"对话框。在"实体轮廓3D"对话框单击"指定壁"按钮 ，选择侧向圆柱内孔；"刀轴"项设置为"指定矢量"，通过自动判断确定矢量方向，"刀具"选择"D10"，"部件余量"设置为"-0.01mm"，如图5-41所示。

2）在"实体轮廓3D"对话框单击"切削参数"按钮 ，进入"切削参数"对话框，"多刀路"选项卡切削参数设置如图5-42所示。

3）在"实体轮廓3D"对话框单击"生成"按钮 ，生成刀具路径，如图5-43所示。

a)　　　　　　　　　b)

图5-41　实体轮廓3D

图5-42　切削参数

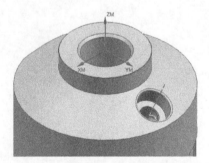

图5-43　生成刀具路径

8. 精加工 φ11mm 孔

1）在"工序导航器"通过右键复制粘贴已创建的平面铣刀具路径，双击平面铣刀具路径进入"平面铣"对话框。在"平面铣"对话框单击"指定部件边界"按钮 ，进入"边界几何体"对话框，选择内孔圆柱轮廓作为边界；"创建边界"对话框内，"材料侧"选择"外部"。在"平面铣"对话框单击"指定底面"按钮 ，选择侧向较小内孔底平面作为加工平面，负向偏置11mm；"刀具"设置为"D10"，"轴"设置为"垂直于底面"，如图5-44所示。

E5-4　正面
工序 8~9

2）在"平面铣"对话框单击"切削参数"按钮 ，进入"切削参数"对话框，"余量"

选项卡切削参数设置如图 5-45 所示。

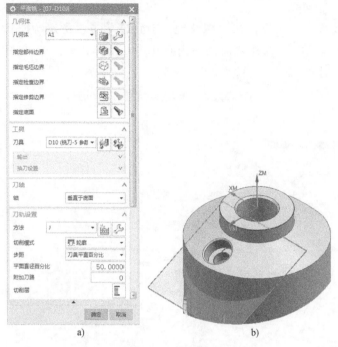

图 5-44　平面铣

图 5-45　切削参数

3）在"平面铣"对话框单击"非切削移动"按钮 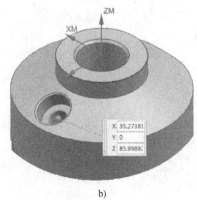，进入"非切削移动"对话框，"进刀"选项卡的"进刀点"选择侧向较小内孔的中心，如图 5-46 所示。

4）在"平面铣"对话框单击"生成"按钮 ，生成刀具路径，如图 5-47 所示。

图 5-46　非切削移动

图 5-47　生成刀具路径

9. 精加工 M32 内螺纹通孔

1）在插入工具条单击"创建工序"按钮 ，进入"创建工序"对话框。"类型"项选

择 "mill_planar", "工序子类型" 项选择 "螺纹铣" 图标, "刀具" 选择 "LW", "几何体" 选择 "A1", "方法" 选择 "J", 如图 5-48 所示。

2）单击 "确定" 按钮进入 "螺纹铣" 对话框, 在 "螺纹铣" 对话框单击 "指定特征几何体" 按钮, 进入 "特征几何体" 对话框, 选择顶面圆柱内孔作为几何体, 如图 5-49 所示。并在 "螺纹铣" 对话框内将 "运动输出类型" 设置为 "直线"。

图 5-48　创建工序

a)

b)

c)

图 5-49　螺纹铣特征几何体设置

3）在 "螺纹铣" 对话框单击 "切削参数" 按钮, 进入 "切削参数" 对话框 "余量" 选项卡切削参数设置如图 5-50所示。

4）在 "螺纹铣" 对话框单击 "非切削移动" 按钮, 进入 "非切削移动" 对话框, "进刀" 选项卡的 "最小安全距离" 设置为 "0.5mm", 如图 5-51 所示。

5）在 "螺纹铣" 对话框单击 "生成" 按钮, 生成刀具路径, 如图 5-52 所示。

10. 精加工 ϕ18mm 孔边缘倒角

1）在插入工具条单击 "创建工序" 按钮, 进入 "创建工序" 对话框。"类型" 选择 "mill_contour" "工序子类型" 项选择 "固定轮廓铣" 图标, "刀具" 选择 "R4", "几何体" 选择 "A1", "方法" 选择 "J", 如图 5-53 所示。

2）在 "固定轮廓铣" 对话框 "刀轴" 项, "轴" 设置为 "指定矢量", 单击 "指定矢量" 按钮, 选择 ϕ18mm 孔壁。在 "驱动方法" 项单击 "方法" 编辑按钮, 弹出 "曲面区域驱动方法" 对话框。单击 "指定驱动几何体" 按钮, 选择侧向内孔边缘倒角曲面作为驱动几何体, 设置驱动参数后单击 "确

图 5-50　切削参数

E5-5　正面工序 10~反面工序 1

定"按钮，如图 5-54 所示。

图 5-51　非切削移动

图 5-52　生成刀具路径

图 5-53　创建工序

a)

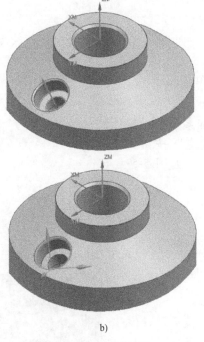

b)

c)

图 5-54　设置驱动方法

3）在"固定轮廓铣"对话框单击"切削参数"按钮 🔲，进入"切削参数"对话框，"余量"选项卡切削参数设置如图 5-55 所示。

4）在"固定轮廓铣"对话框单击"非切削移动"按钮 🔲，进入"非切削移动"对话框，"进刀"选项卡参数设置如图 5-56 所示。

5）在"固定轮廓铣"对话框单击"生成"按钮 🔳，生成刀具路径，如图 5-57 所示。

图 5-55　切削参数

图 5-56　非切削移动

图 5-57　生成刀具路径

（二）反面加工刀具路径的编制

1. 粗加工 φ107mm 圆柱顶面

1）在插入工具条单击"创建几何体"按钮，进入"创建几何体"对话框。"几何体"设置为"GEOMETRY"，"名称"设置为"B"，"几何体子类型"选择第一个小图标，单击"确定"按钮，进入"MCS"对话框，如图 5-58 所示。

2）在"MCS"对话框单击 CSYS 按钮，进入"CSYS"对话框，"类型"设置为"动态"，将加工坐标系放置在零件圆柱顶面中心，单击"确定"按钮完成零件反面加工坐标系设置，如图 5-59 所示。

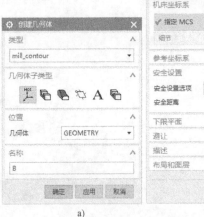

a)

b)

图 5-58　创建几何体

a)

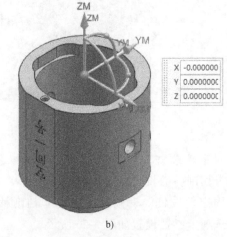

b)

图 5-59　设置加工坐标系

3）在插入工具条单击"创建几何体"按钮 ，进入"创建几何体"对话框。"几何体"设置为"B"，"名称"设置为"B1"，"几何体子类型"选择第二个小图标 ，单击"确定"按钮，进入"工件"对话框。"指定部件"选择需要加工的零件（图 5-60c）；按<Ctrl+L>组合键设置显示毛坯图层，"指定毛坯"选择创建好的毛坯（图 5-60d），如图 5-60 所示。

4）在插入工具条单击"创建工序"按钮 ，进入"创建工序"对话框。"类型"选择"mill_planar"，"工序子类型"选择"平面铣"图标 ，"刀具"选择"D20"，"几何体"选择"B1"，"方法"选择"J"，单击"确定"按钮进入"平面铣"对话框。

E5-6　反面工序 1~5

图 5-60　指定部件和毛坯

5）"平面铣"对话框"切削模式"设置为"轮廓"，单击"指定部件边界"按钮 ，进入"边界几何体"对话框，选择圆柱顶面曲线圆作为边界；"创建边界"对话框内，"材料侧"项选择"内部"。在"平面铣"对话框单击"指定底面"按钮 ，选择顶面作为加工底面，如图 5-61 所示。

6）在"平面铣"对话框单击"切削参数"按钮 ，进入"切削参数"对话框，"余量"选项卡切削参数设置如图 5-62 所示。

7）在"平面铣"对话框单击"生成"按钮 ，生成刀具路径，如图5-63所示。

2. 粗加工刻字平面

1）参考上一步操作创建工序，"工序子类型"项选择"平面铣"，"刀具"选择"D20"，"几何体"选择"B1"，"方法""选择""C"。单击"确定"进入"平面铣"对话框。"平面铣"对话框内，"切削模式"设置为"轮廓"，单击"指定部件边界"

图 5-61　指定部件边界和底面

5

PROJECT

图 5-62　切削参数

图 5-63　生成刀具路径

按钮 ，进入"边界几何体"对话框，选择刻字平面的直线作为边界；"创建边界"对话框内，"材料侧"项选择"右","刨"项选择"用户定义"，点选侧面平面，然后"偏置"设置为"5"，单击"确定"按钮退出"创建边界"对话框。在"平面铣"对话框单击"指定底面"按钮 ，选择侧向平面作为加工平面；"刀轴"设置为"垂直于底面"，如图 5-64 所示。

2）在"平面铣"对话框单击"切削层"按钮 ，切削参数设置如图 5-65 所示。

3）在"平面铣"对话框单击"切削参数"按钮 ，进入"切削参数"对话框，"余量"选项卡切削参数设置如图 5-66 所示。

a)

b)

图 5-64　指定部件边界和底面

图 5-65　切削层

5 PROJECT

4）在"平面铣"对话框单击"生成"按钮 ，生成刀具路径，如图 5-67 所示。

图 5-66　切削参数

图 5-67　生成刀具路径

3. 精加工刻字平面

1）在"工序导航器"通过右键复制粘贴上一步工序创建的平面铣刀具路径，双击平面铣刀具路径，进入"平面铣"对话框"刀轨设置"中"方法"设置为"J"。

2）在"平面铣"对话框单击"切削层"按钮 进入"切削层"对话框，参数设置如图 5-68 所示。

3）在"平面铣"对话框单击"切削参数"按钮 ，进入"切削参数"对话框，"余量"选项卡切削参数设置如图 5-69 所示。

4）在"平面铣"对话框单击"生成"按钮 ，生成刀具路径，如图 5-70 所示。

图 5-68　切削层

图 5-69　切削参数

图 5-70　生成刀具路径

4. 粗加工 82mm 尺寸特征的两个凹槽

1）在插入工具条单击"创建工序"按钮 ，进入"创建工序"对话框。"类型"选择"mill_contour"，"工序子类型"选择"实体轮廓 3D"图标 ，"刀具"选择"D12"，"几何体"选择"B1"，"方法"选择"C"，单击"确定"按钮进入"实体轮廓 3D"对话框。

2）在"实体轮廓 3D"对话框单击"指定壁"按钮 ，进入"壁几何体"对话框，选择 82mm 尺寸特征两个凹槽的 6 个曲面，过滤器选择"相切面"。"实体轮廓 3D"对话框"部件余量"设置为"0.2"，"Z 向深度偏置"设置为"-0.2"，如图 5-71 所示。

3）在"实体轮廓 3D"对话框单击"切削参数"按钮 ，进入"切削参数"对话框，"多刀路"选项卡切削参数设置如图 5-72 所示。

4）在"实体轮廓 3D"对话框单击"生成"按钮 ，生成刀具路径，如图 5-73 所示。

5 PROJECT

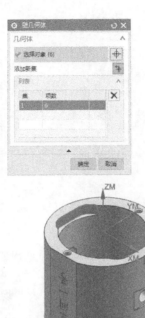

图 5-72 切削参数

a)

图 5-71 实体轮廓 3D

图 5-73 生成刀具路径

5. 精加工 82mm 尺寸特征的两个凹槽

1）在"工序导航器"通过右键复制粘贴上一步工序创建的实体轮廓 3D 刀具路径，双击实体轮廓 3D 刀具路径进入"实体轮廓 3D"对话框。"刀轨设置"中"方法"设置为"J"，"Z 向深度偏置"设置为"0"，"部件余量"设置为"-0.01"。

2）在"实体轮廓 3D"对话框单击"切削参数"按钮 ，进入"切削参数"对话框，"多刀路"和"余量"选项卡切削参数设置如图 5-74 所示。

3）在"实体轮廓 3D"对话框单击"生成"按钮 ，生成刀具路径，如图 5-75 所示。

a)

b)

图 5-74 切削参数

图 5-75 生成刀具路径

6. 粗加工圆柱外侧 103mm 尺寸特征的凹槽 1

1）在插入工具条单击"创建工序"按钮 ，进入"创建工序"对话框。"类型"选择"mill_contour"，"工序子类型"选择"实体轮廓 3D"图标，"刀具"选择"D12C"，"几何体"选择"B1"，"方法"选择"C"，单击"确定"按钮进入"实体轮廓 3D"对话框。

E5-7　反面
工序 6～13

2）在"实体轮廓 3D"对话框单击"指定壁"按钮，进入"壁几何体"对话框，选择圆柱外侧 103mm 尺寸特征凹槽 1 的上下两个侧面，单击"确定"按钮退出"壁几何体"对话框。"实体轮廓 3D"对话框"部件余量"设置为"0.2"，"Z 向深度偏置"设置为"-0.2"，"轴"设置为"指定矢量"，"指定矢量"方向设置为"+X"方向，如图 5-76 所示。

3）在"实体轮廓 3D"对话框单击"非切削移动"按钮，进入"非切削移动"对话框，"进刀"选项卡参数设置如图 5-77 所示。

4）在"实体轮廓 3D"对话框单击"生成"按钮，生成刀具路径，如图 5-78 所示。

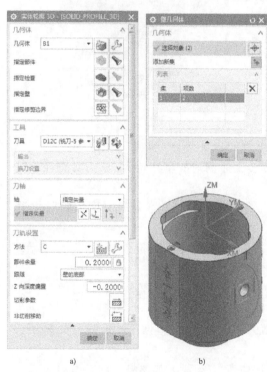

a)　　　　　　　　　b)

图 5-76　实体轮廓 3D

图 5-77　非切削移动

图 5-78　生成刀具路径

7. 粗加工圆柱外侧 103mm 尺寸特征的凹槽 2

1）在"工序导航器"通过右键复制粘贴上一步工序创建的实体轮廓 3D 刀具路径，双击实体轮廓 3D 刀具路径，进入"实体轮廓 3D"对话框。

2）在"实体轮廓 3D"对话框单击"指定壁"按钮进入"壁几何体"对话框，选择圆柱外侧 103mm 尺寸特征凹槽 2 的上下两个侧面，单击"确定"按钮退出"壁几何体"对话框。"实体轮廓 3D"对话框"轴"设置为"指定矢量"，"指定矢量"方向设置为"-X"方向，如图 5-79 所示。

3）在"实体轮廓 3D"对话框单击"生成"按钮，生成刀具路径，如图 5-80 所示。

a)   b)

图 5-79　实体轮廓 3D

图 5-80　生成刀具路径

8. 精加工圆柱外侧 103mm 尺寸特征的凹槽 1

1）在"工序导航器"通过右键复制粘贴第 6 步工序创建的实体轮廓 3D 刀具路径，双击实体轮廓 3D 刀具路径进入"实体轮廓 3D"对话框。

2）"实体轮廓 3D"对话框"部件余量"设置为"-0.01"，"Z 向深度偏置"设置为"0"，如图 5-81 所示。

3）在"实体轮廓 3D"对话框单击"生成"按钮 ，生成刀具路径，如图 5-82 所示。

9. 精加工圆柱外侧 103mm 尺寸特征的凹槽 2

1）在"工序导航器"通过右键复制粘贴第 7 步工序创建的实体轮廓 3D 刀具路径，双击实体轮廓 3D 刀具路径进入"实体轮廓 3D"对话框。

2）"实体轮廓 3D"对话框"部件余量"设置为"-0.01"，"Z 向深度偏置"设置为"0"如图 5-83 所示。

3）在"实体轮廓 3D"对话框单击"生成"按钮 ，生成刀具路径，如图 5-84 所示。

10. 粗加工圆柱外侧 φ12mm 通孔 1

1）在插入工具条单击"创建工序"按钮 ，进入"创建工序"对话框。"类型"选择"mill_planar"，"工序子类型"选择"孔铣"图标 ，"刀具"选择"D8"，"几何体"选择"B1"，"方法"选择"C"。

2）在"孔铣"对话框单击"指定特征几何体"按钮 ，进入"特征几何体"对话框，选择圆柱外侧 φ12mm 通孔 1 作为几何体，设置孔特征"深度"为"12"。"孔铣"对话框"螺距"设置为"1mm"，"最大距离"设置为"50"，如图 5-85 所示。同前，"运动输出类型"设置为"直线"。

图 5-81　实体轮廓 3D　　　图 5-82　生成刀具路径

图 5-83　实体轮廓 3D　　　图 5-84　生成刀具路径

a)

b)

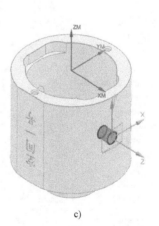

c)

图 5-85　孔铣

3）在"孔铣"对话框单击"切削参数"按钮 ，进入"切削参数"对话框，"余量"选项卡切削参数设置如图 5-86 所示。

4）在"孔铣"对话框单击"非切削移动"按钮，进入"非切削移动"对话框，"进刀"选项卡的"最小安全距离"设置为"3mm"，如图 5-87 所示。

5

PROJECT

5）在"孔铣"对话框单击"生成"按钮 ，生成刀具路径，如图 5-88 所示。

图 5-86　切削参数

图 5-87　非切削移动

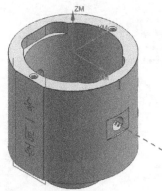

图 5-88　生成刀具路径

11. 粗加工圆柱外侧 φ12mm 通孔 2

1）在"工序导航器"通过工序上一步创建的孔铣刀具路径进行实例阵列，双击孔铣刀具路径，进入"孔铣"对话框。

2）在"孔铣"对话框单击"指定特征几何体"按钮 ，进入"特征几何体"对话框，选择圆柱外侧 φ12mm 通孔 2 作为几何体，设置孔特征"深度"为"12"。"孔铣"对话框"螺距"设置为"1mm"，"最大距离"设置为"50"，如图 5-89 所示。

a)

b)

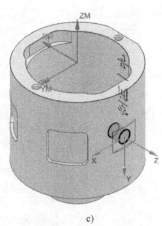

c)

图 5-89　孔铣

3）在"孔铣"对话框单击"生成"按钮 ，生成刀具路径，如图 5-90 所示。

12. 精加工圆柱外侧 φ12mm 通孔 1

1）在插入工具条单击"创建工序"按钮 ，进入"创建工序"对话框。"类型"项选择"mill_planar"，"工序子类型"项选择"平面铣"图标，"刀具"选择"D8"，"几何体"选择"B1"，"方法"选择"J"。

2）单击"确定"按钮进入"平面铣"对话框，"切削模式"设置为"轮廓"，单击"指定部件边界"按钮，进入"边界几何体"对话框，选择圆柱外侧 φ12mm 通孔 1 内轮廓作为边界，"编辑边界"对话框"材料侧"选择"外部"，如图 5-91 所示。

图 5-90　生成刀具路径

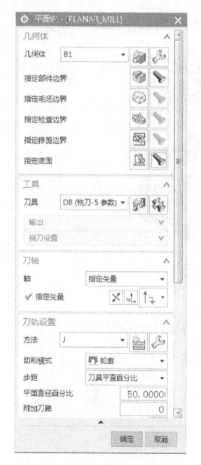

a) 　　　　　　　　　　　　　　b)

图 5-91　指定部件边界

3）在"平面铣"对话框单击"指定底面"按钮，进入"刨"对话框，选择 φ12mm 通孔 1 外侧凹槽平面作为加工平面，"距离"设置为"12mm"。"平面铣"对话框"轴"设置为"指定矢量"，"指定矢量"方向设置为"+X"方向，"切削模式"设置为"轮廓"，如图 5-92 所示。

4）在"平面铣"对话框单击"切削层"按钮，参数设置如图 5-93 所示。

5

PROJECT

5）在"平面铣"对话框单击"切削参数"按钮，进入"切削参数"对话框，"余量"选项卡切削参数设置如图 5-94 所示。

a)   b)

图 5-92　指定底面

图 5-93　切削层

图 5-94　切削参数

6）在"平面铣"对话框单击"非切削移动"按钮，进入"非切削移动"对话框，"进刀"选项卡的"进刀点"选择圆柱顶面中心，如图 5-95 所示。

7）在"平面铣"对话框单击"生成"按钮，生成刀具路径，如图 5-96 所示。

a)

b)

图 5-95　非切削移动

图 5-96　生成刀具路径

13. 精加工圆柱外侧 φ12mm 通孔 2

1）在"工序导航器"通过右键复制粘贴上一步工序创建的平面铣刀具路径，双击平面铣刀具路径进入"平面铣"对话框。

2）在"平面铣"对话框单击"指定部件边界"按钮 🗔，选择圆柱外侧 φ12mm 通孔 2 内轮廓作为边界，"编辑边界"对话框"材料侧"项选择"外部"，如图 5-97 所示。

3）在"平面铣"对话框单击"指定底面"按钮 🗔，进入"刨"对话框，选择 φ12mm 通孔 2 外侧凹槽平面作为加工平面，"距离"设置为"12mm"。"平面铣"对话框"轴"设置为"指定矢量"，"指定矢量"方向设置为"-X"方向，"切削模式"设置为"轮廓"，如图 5-98 所示。

a)

b)

图 5-97　指定部件边界

4）在"平面铣"对话框单击"非切削移动"按钮 🗔，进入"非切削移动"对话框，"进刀"选项卡的"进刀点"选择圆柱顶面中心，如图 5-99 所示。

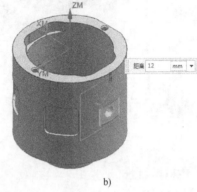

a) b)

图 5-98　指定底面

5）在"平面铣"对话框单击"生成"按钮 ，生成刀具路径，如图 5-100 所示。

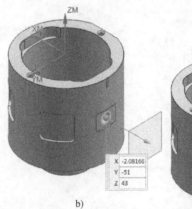

a) b)

图 5-99　非切削移动　　　　　　图 5-100　生成刀具路径

14. 粗加工圆柱外侧方槽 1

1）在插入工具条单击"创建工序"按钮 ，进入"创建工序"

E5-8　反面工序 14～16

5 PROJECT

对话框。"类型"选择"mill_multi-axis","工序子类型"选择"可变轮廓铣"图标,"刀具"选择"D8","几何体"选择"B","方法"选择"J",如图 5-101 所示。

2)单击"确定"按钮进入"可变轮廓铣"对话框,单击"驱动方法"编辑按钮,进入"流线驱动方法"对话框,选择方槽 1 的两条边界作为流曲线;单击"指定侧刃方向"按钮,将切削方向设置为向上,如图 5-102 所示。

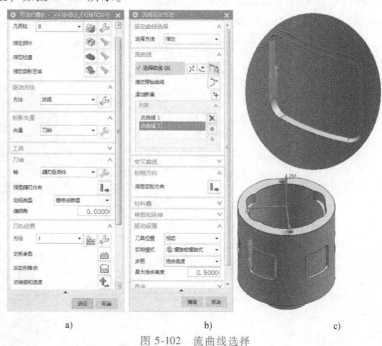

图 5-101　创建工序　　　　　　　　　　a)　　　　　　　　　b)　　　　　　　　c)

图 5-102　流曲线选择

3)在"可变轮廓铣"对话框单击"切削参数"按钮,进入"切削参数"对话框,"余量"选项卡切削参数设置如图 5-103 所示。

4)在"可变轮廓铣"对话框单击"非切削移动"按钮,进入"非切削移动"对话框,"进刀"选项卡参数设置如图 5-104 所示。

5)在"可变轮廓铣"对话框单击"生成"按钮,生成刀具路径,如图 5-105 所示。

图 5-103　切削参数　　　　　图 5-104　非切削移动　　　　　图 5-105　生成刀具路径

15. 粗加工圆柱外侧方槽 2

1）在"工序导航器"通过右键复制粘贴上一步工序创建的可变轮廓铣刀具路径，双击可变轮廓铣刀具路径，进入"可变轮廓铣"对话框。

2）在"可变轮廓铣"对话框单击"驱动方法"编辑按钮 ，进入"流线驱动方法"对话框，选择方槽 2 的两条边界作为流曲线；单击"指定侧刃方向"按钮 ，将切削方向设置为向上，如图 5-106 所示。

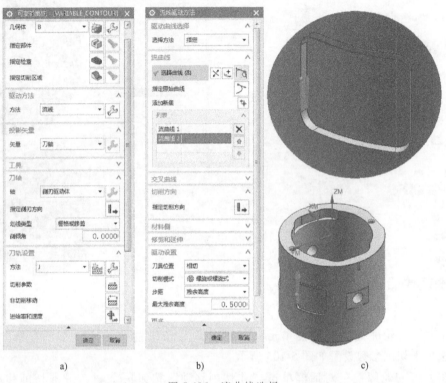

a)   b)   c)

图 5-106　流曲线选择

3）在"可变轮廓铣"对话框单击"生成"按钮 ，生成刀具路径，如图 5-107 所示。

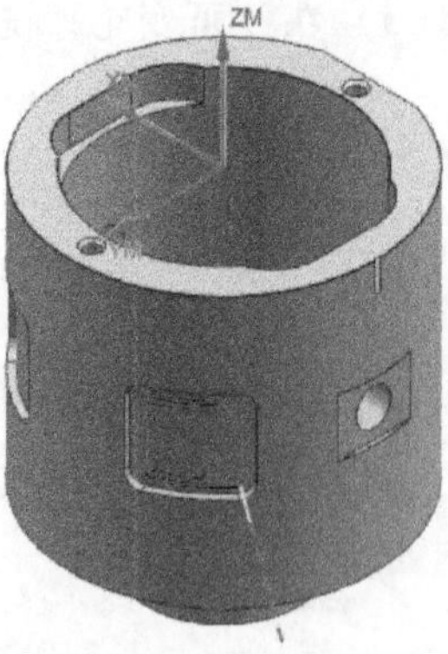

16. 精加工圆柱外侧方槽侧壁 1

1）在插入工具条单击"创建工序"按钮 ，进入"创建工序"对话框。"类型"选择"mill_multi-axis"，"工序子类型"选择"外形轮廓铣"图标 ，"刀具"选择"D8"，"几何体"选择"B1"，"方法"选择"J"，如图 5-108 所示。

2）单击"确定"按钮进入"外形轮廓铣"对话框，单击"指定底面"按钮 ，选择方槽 1 底面作为部件，如图 5-109 所示。

3）在"外形轮廓铣"对话框单击"驱动方法"编辑按钮 ，进入"外形轮廓铣驱动方法"对话框，参数设置如图 5-110 所示。

图 5-107　生成刀具路径

4）在"外形轮廓铣"对话框单击"切削参数"按钮 ，进入"切削参数"对话框，"余量"选项卡切削参数设置如图 5-111 所示。

图 5-108　创建工序

a)

图 5-110　外形轮廓铣驱动方法

b)

图 5-109　指定底面

图 5-111　切削参数

5

PROJECT

133

5）在"外形轮廓铣"对话框单击"非切削移动"按钮 ，进入"非切削移动"对话框，"进刀"选项卡参数设置如图5-112所示。

6）在"外形轮廓铣"对话框单击"生成"按钮 ，生成刀具路径，如图5-113所示。

图5-112 非切削移动

图5-113 生成刀具路径

17. 精加工圆柱外侧方槽侧壁2

1）在"工序导航器"通过右键复制粘贴上一步工序创建的外形轮廓铣刀具路径，双击外形轮廓铣刀具路径，进入"外形轮廓铣"对话框。

2）在"外形轮廓铣"对话框单击"指定底面"按钮 ，选择方槽2底面作为部件，如图5-114所示。

3）在"外形轮廓铣"对话框单击"生成"按钮 ，生成刀具路径，如图5-115所示。

18. 精加工圆柱外侧方槽底面1

1）在插入工具条单击"创建工序"按钮 ，进入"创建工序"对话框。"类型"选择"mill_multi-axis"，"工序子类型"选择"可变轮廓铣"图标 ，"刀具"选择"R4"，"几何体"选择"B"，"方法"选择"J"。单击"确定"按钮进入"可变轮廓铣"对话框。

2）在"可变轮廓铣"对话框单击"指定部件"按钮 ，选择方槽1底面作为部件；单击"指定检查"按钮 ，选择方槽1外轮廓曲面作为检查几何体，如图5-116所示。

3）在"可变轮廓铣"对话框单击"驱动方法"编辑按钮 ，进入"曲面区域驱动方法"对话框，单击"指定驱动几何体"按钮 ，选择方槽1底面作为驱动曲面，如图5-117所示。

E5-9 反面工序17～20

a) b)

图5-114 指定底面

图 5-115　生成刀具路径　　　　　图 5-116　指定部件和检查几何体

4）在"可变轮廓铣"对话框单击"切削参数"按钮 $\boxed{}$ ，进入"切削参数"对话框，"余量"选项卡切削参数设置如图 5-118 所示。

a)　　　　　　　　　　　b)

图 5-117　指定驱动几何体　　　　　图 5-118　切削参数

5）在"可变轮廓铣"对话框单击"非切削移动"按钮，进入"非切削移动"对话框，"进刀"选项卡参数设置如图 5-119 所示。

6）在"可变轮廓铣"对话框单击"生成"按钮，生成刀具路径，如图 5-120 所示。

19. 精加工圆柱外侧方槽底面 2

1）在"工序导航器"通过右键复制粘贴上一步工序创建的可变轮廓铣刀具路径，双击可变轮廓铣刀具路径，进入"可变轮廓铣"对话框。

2）在"可变轮廓铣"对话框单击"指定部件"按钮，选择方槽 2 底面作为部件；单击"指定检查"按钮，选择方槽 2 外轮廓曲面作为检查几何体，如图 5-121 所示。

图 5-119　非切削移动

图 5-120　生成刀具路径

a)

b)

图 5-121　指定部件和检查几何体

3）在"可变轮廓铣"对话框单击"驱动方法"编辑按钮，进入"曲面区域驱动方法"对话框，单击"指定驱动几何体"按钮，选择方槽 2 底面作为驱动曲面，如图5-122所示。

4）在"可变轮廓铣"对话框单击"生成"按钮，生成刀具路径，如图 5-123 所示。

20. 钻两个 M6 螺纹孔

1）在插入工具条单击"创建工序"按钮，进入"创建工序"对话框。"类型"选择"drill"，"工序子类型"选择"断屑钻"图标，"刀具"选择"ZT5"，"几何体"选择"B1"，"方法"选择"METHOD"，单击"确定"按钮进入"钻孔"对话框。

2）在"钻孔"对话框单击"指定孔"按钮，进入"点到点几何体"对话框，单击"选择"按钮，选择圆柱体顶面上两个 M6 螺纹孔边界，如图 5-124 所示。

a)　　　　　　　　b)

图 5-122　指定驱动几何体

图 5-123　生成刀具路径

a)

b)

图 5-124　指定孔

3）在"钻孔"对话框单击"生成"按钮 ，生成刀具路径，如图 5-125 所示。

21. 加工圆柱外侧面刻度线 1

1）在插入工具条单击"创建工序"按钮 ，进入"创建工序"对话框。"类型"选择"mill_contour"，"工序子类型"选择"固定轮廓铣"图标 ，"刀具"选择"R5"，"几何体"选择"B"，"方法"选择"J"单击"确定"按钮进入"固定轮廓铣"对话框。

2）在"固定轮廓铣"对话框"刀轴"项，"轴"设置为"指定矢量"，单击"指定矢量"按钮 ，选择"-X"方向作为矢量方向。"驱动方法"设置为"曲线/点"，单击"方法"编辑按钮 ，进入"曲面/点驱动方法"对话框，选择圆柱体侧壁圆弧缺口处刻度线 1 作为驱动体，设置驱动参数后单击"确定"按钮返回"固定轮廓铣"对话框，如图 5-126 所示。

E5-10 反面工序 21～24 及后处理

图 5-125 生成刀具路径

a)

b)

c)

图 5-126 设置驱动

3）在"固定轮廓铣"对话框单击"切削参数"按钮 ，进入"切削参数"对话框，"余量"选项卡切削参数设置如图 5-127 所示。

4）在"固定轮廓铣"对话框单击"非切削移动"按钮，进入"非切削移动"对话框，"进刀"选项卡参数设置如图5-128所示。

5）在"固定轮廓铣"对话框单击"生成"按钮，生成刀具路径，如图5-129所示。

图 5-127　切削参数

图 5-128　非切削移动

图 5-129　生成刀具路径

22. 加工圆柱外侧面刻度线 2

1）在"工序导航器"通过右键复制粘贴上一步工序创建的固定轮廓铣刀具路径，双击固定轮廓铣刀具路径，进入"固定轮廓铣"对话框。

2）在"固定轮廓铣"对话框"刀轴"项，"轴"设置为"指定矢量"，单击"指定矢量"按钮，选择"+X"方向作为矢量方向。"驱动方法"设置为"曲线/点"，单击"方法"编辑按钮，进入"曲面/点驱动方法"对话框，选择圆柱体侧壁圆弧缺口处刻度线 2 作为驱动体，设置驱动参数后单击"确定"按钮返回"固定轮廓铣"对话框，如图5-130所示。

3）在"固定轮廓铣"对话框单击"生成"按钮，生成刀具路径，如图5-131所示。

23. 加工刻字平面

1）在插入工具条单击"创建工序"按钮，进入"创建工序"对话框。"类型"选择"mill_contour"，"工序子类型"选择"轮廓文本"图标，"刀具"选择"DJ10×45"，"几何体"选择"B1"，"方法"选择"J"。

2）单击"确定"按钮进入"轮廓文本"对话框。在"轮廓文本"对话框"刀轴"项，"轴"设置为"指定矢量"，单击"指定矢量"按钮，选择"-Y"方向作为矢量方向。"驱动方法"设置为"文本"，单击"方法"编辑按钮，进入"文本几何体"对话框，选择圆柱体外侧所刻文字，单击"确定"按钮返回"轮廓文本"对话框，如图5-132所示。

3）在"轮廓文本"对话框单击"切削参数"按钮，进入"切削参数"对话框，"余量"选项卡切削参数设置如图5-133所示。

4）在"轮廓文本"对话框单击"非切削移动"按钮，进入"非切削移动"对话框，"进刀"选项卡参数设置如图5-134所示。

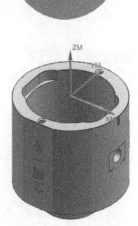

a)   b)   c)

图 5-130 设置驱动

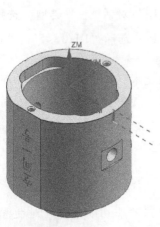

a)   b)

图 5-131 生成刀具路径   图 5-132 轮廓文本

5）在"轮廓文本"对话框单击"生成"按钮 ，生成刀具路径，如图 5-135 所示。

图 5-133　切削参数

图 5-134　非切削移动

图 5-135　生成刀具路径

24. 加工 φ107mm 圆柱边缘倒角

1）在插入工具条单击"创建工序"按钮 ，进入"创建工序"对话框。"类型"选择"mill_contour"，"工序子类型"选择"实体轮廓 3D"图标 ，"刀具"选择"DJ10×45"，"几何体"选择"B1"，"方法"选择"J"。单击"确定"按钮进入"实体轮廓 3D"对话框。

2）在"实体轮廓 3D"对话框单击"指定壁"按钮 ，进入"壁几何体"对话框，选择圆柱顶面内外轮廓边缘倒角，如图 5-136 所示。

3）在"实体轮廓 3D"对话框单击"非切削移动"按钮 ，进入"非切削移动"对话框，"进刀"选项卡参数设置如图 5-137 所示。

4）在"实体轮廓 3D"对话框单击"生成"按钮 ，生成刀具路径，如图 5-138 所示。

25. 加工两个 M6 螺纹孔边缘倒角

1）在"工序导航器"通过右键复制粘贴上一步工序创建的实体轮廓 3D 刀具路径，双击实体轮廓 3D 刀具路径，进入"实体轮廓 3D"对话框。

2）在"实体轮廓 3D"对话框单击"指定壁"按钮 ，进入"壁几何体"对话框，选择圆柱顶面两个 M6 螺纹孔的边缘倒角，如图 5-139 所示。

3）在"实体轮廓 3D"对话框单击"非切削移动"按钮 ，进入"非切削移动"对话框，"进刀"选项卡中"进刀点"设置为两个 M6 螺纹孔的中心，如图 5-140 所示。

4）在"实体轮廓 3D"对话框单击"生成"按钮 ，生成刀具路径，如图 5-141 所示。

a)　　　　　　b)

图 5-136　实体轮廓 3D

5

PROJECT

图 5-137　非切削移动　　图 5-138　生成刀具路径　　　图 5-139　壁几何体

a)　　　　　　　　　　　　　　　b)

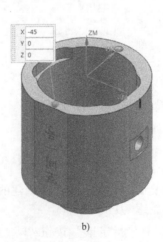

a)　　　　　　　　　　　b)

图 5-140　非切削移动　　　　　　　　　图 5-141　生成刀具路径

三、主航体零件加工 NC 程序的生成

在"工序导航器"中，选取已生成的刀具路径文件，单击右键选择"后处理"功能，在"后处理"对话框中选择合适的"后处理器"，单击"确定"按钮生成主航体零件加工 NC 程

序，如图 5-142 所示。

a)   b)   c)

图 5-142 主航体零件加工 NC 程序生成

四、Vericut8.0 数控仿真

1. 创建仿真项目

E5-11 数控仿真

VERICUT 仿真项目必备的要素是机床、控制系统、毛坯、加工坐标系、刀具库、数控程序，可选要素是夹具、设计模型、数控子程序。使用 NX 编程，NX 中已经创建了毛坯、加工坐标系、刀具库、数控程序、夹具、设计模型等要素。NX to VERICUT 接口可将 NX 中已创建的特征直接输入 VERICUT，可在后续仿真过程中节省重复的操作，这样可以节省大量仿真准备时间。

1）在 C：\ Program Files \ CGTech \ VERICUT 0 \ windows64 \ commands 目录找到 NX10. bat，双击即可进入带有 NX to VERICUT 接口的 NX10.0。在 NX10.0 编程界面的工序一栏，便可以看到 VERICUT 图标，如图 5-143 所示。

生成刀轨 确认刀轨 VERICUT... 机床仿真 后处理 车间文档

图 5-143 NX10.0 编程工序栏

2）在 NX10.0 打开 "example \ Chap05 \ NX10.0 \ 主航体 . prt" （见素材资源包），在 NX10.0 基本环境下按 < Ctrl + Alt + M > 组合键进入加工模块，单击 vericut 按钮 进入 "VERICUT Interface" 对话框，"输出目录" 选择自定义输出路径，"Project Template" 选择目录 "example \ Chap05 \ Vericut8.0" 下的 "主航体 . vcproject" 文件（见素材资源包）为机床模板，如图 5-144 所示。

3）单击 "VERICUT Interface" 对话框 "选项" 按钮，进入 "VERICUT Interface Options" 对话框，参数设置如图 5-145 所示。

4）在 "VERICUT Interface Options" 对话框选择 "Tooling" 选项卡，参数设置如图 5-146 所示。

5

PROJECT

图 5-144　选择机床模板

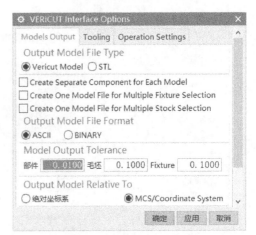

图 5-145　设置接口选项

5）在"VERICUT Interface Options"对话框选择"Operation Settings"选项卡，勾选"Use Views from the Setup Template"，调用机床模板中视图显示方式，不勾选则默认只显示零件窗口。取消勾选"Transfer All Coordinate Systems"，减少生成坐标系的数量，如图 5-147 所示。

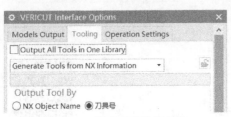

图 5-146　设置刀具连接参数

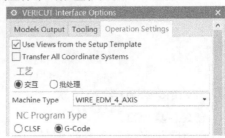

图 5-147　操作设置

6）返回"VERICUT Interface"对话框，选择"Operations"选项卡，"Active Program Groups"选择"A"，如图 5-148 所示。

7）在"VERICUT Interface"对话框选择"Models"选项卡，参数设置如图 5-149 所示。

8）在"Models"选项卡单击"部件"按钮 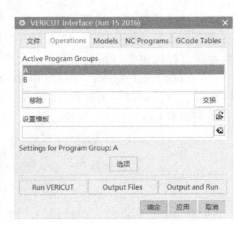，然后单击"选择"按钮选择模型，如图5-150所示。

9）在"Models"选项卡单击"Stock/blank"按钮 ，然后单击"选择"按钮选择毛坯模型，如图 5-151 所示。

10）在"Models"选项卡单击"Fixture/Check"按钮 ，然后单击"选择"按钮选择夹具模型，如图 5-152 所示。

图 5-148　设置程序组

11）在"Models"选项卡单击"Model Location"按钮 ，然后单击"选择"按钮选择坐标系，如图 5-153 所示。

12）在"VERICUT Interface"对话框选择"NC Programs"选项卡，然后单击"添加"按钮，选择"example \ Chap05 \ Vericut8.0 \"目录下的"主航体-A. h"文件（见素材资源包），如图 5-154 所示。

图 5-149　设置模型

图 5-150　选择模型

图 5-151　选择毛坯模型

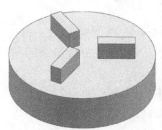

图 5-152　选择夹具模型

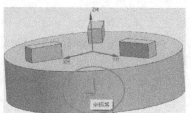

图 5-153　定位坐标系

图 5-154　添加程序

13）在"VERICUT Interface"对话框选择"GCode Tables"选项卡，"Table Name"设置为"Work Offsets"，"寄存器号"设置为"1"，"'From' Component"设置为"B"，单击"添加"按钮，如图 5-155 所示。

2. 添加第二工位

1）在"VERICUT Interface"对话框选择"Operations"选项卡，"Active Program Groups"选择"B"，如图 5-156 所示。

图 5-155　设置加工零点

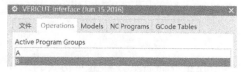

图 5-156　添加第二工位

5

PROJECT

2）在"VERICUT Interface"对话框选择"Models"选项卡，单击"Fixture/Check"按钮，然后单击"选择"按钮选择夹具模型，如图 5-157 所示。

3）在"Models"选项卡单击"Model Location"按钮，然后单击"选择"按钮选择坐标系，如图 5-158 所示。

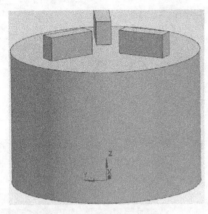

图 5-157　选择夹具模型

图 5-158　定位坐标系

4）在"VERICUT Interface"对话框选择"NC Programs"选项卡，选择"Select Existing NC Program"选项，然后单击"添加"按钮选择"example \ Chap05 \ Vericut8.0"目录下的"主航体-B.h"文件（见素材资源包）。

5）在"VERICUT Interface"对话框选择"GCode Tables"选项卡，"Table Name"设置为"Work Offsets"，"寄存器号"设置为"1"，"'From' Component"设置为"B"，单击"添加"按钮。

3. 运行数控程序

1）在"VERICUT Interface"对话框下方单击"Output and Run"按钮，启动 VERICUT，如图 5-159 所示。

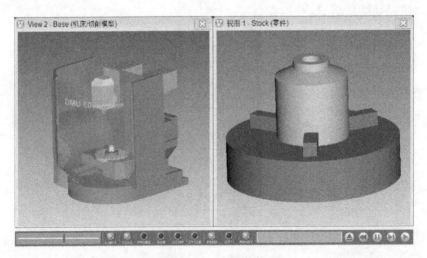

图 5-159　运行仿真

2）在主界面右下方单击"仿真到末端"按钮，仿真结果如图 5-160 所示。

图 5-160　主航体零件加工仿真后的结果

项目考核（表 5-2）

表 5-2　主航体零件加工项目考核卡

考核项目	考核内容	评价（0~10分）				考核者
		差	一般	好	很好	
		0~3 分	4~6 分	7~8 分	9~10 分	
职业素养	态度积极主动，能自主学习及相互协作，尊重他人，注重沟通					
	遵守学习场所管理纪律，能服从教师安排					
	学习过程全勤，配合教学活动					
技能目标	能学完项目的基础理论知识					
	能通过获取有效资源解决学习中的难点					
	能运用项目的基础理论知识进行手工或软件编程					
	能运用项目的基础理论知识编制加工工艺或编制工作步骤					
	能编制项目零件的生产加工刀具路径					
	能通过软件仿真测试出编制程序的合理性，并完善					
	能分析项目零件编程技术的难点，并总结改进					
合计						

练习题

在素材资源包中打开 "example \ Chap05 \ NX10.0" 目录下的 "坦克.prt" 文件，如图 5-161 所示，以本项目案例为参考，完成坦克模型加工程序编制的练习。

图 5-161　坦克模型

转动翼零件的加工

加工转动翼零件，制订转动翼零件的加工工艺，合理选择加工刀具以及相关切削参数，掌握五轴加工程序编制中曲面驱动、外形轮廓铣驱动的使用和设置。

项目描述

转动翼为回转类零件，该零件上方是直纹面构成的叶片，下方是带缺口的圆柱体。若使用编程软件编制四轴加工的刀具路径，刀具路径将受到刀具轴的限制，造成零件局部加工不到位、加工效率低。综合考虑零件精度要求和加工效率等因素，精加工将采用五轴联动切削。转动翼零件图及毛坯零件图分别如图6-1和图6-2所示。

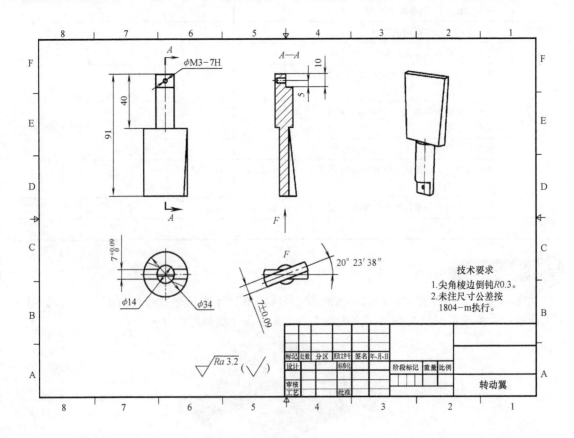

图 6-1 转动翼零件图

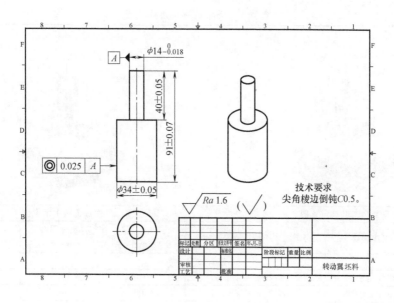

图 6-2　转动翼毛坯零件图

相关知识

一、分析转动翼零件加工工艺

1）分析转动翼零件结构：主要由圆柱体和扭转实体两部分组成。

2）要求将转动翼零件手柄和叶片加工完毕。

二、确定转动翼零件加工方法

1）装夹方式：转动翼零件采用圆柱形毛坯，因此使用自定心卡盘进行定位装夹，以减少定位误差。

2）加工方法：采用定轴加工进行粗加工以提高加工效率，扭转实体叶片采用五轴联动加工进行精加工，以保证表面精度达到图样要求。

3）加工刀具：$\phi12$mm、$\phi12R1$mm、$\phi4R0.2$mm 平底铣刀和 $\phi3$mm 钻头。

项目实施

一、制订转动翼零件加工工艺

根据零件图样综合分析零件加工技术要求，综合考虑毛坯尺寸以及装夹工艺的要求，对零件进行合理的工艺规划。根据毛坯外形以及尺寸特点，确定采用自定心卡盘对零件分别进行正、反面加工装夹，由于左、右半球体零件左右对称，而且需要对其进行装配，因此本次加工预留一定的余量以满足后续装配加工的需要。根据零件图样综合分析零件加工技术要求，制订出的转动翼零件加工工艺见表 6-1。

二、转动翼零件加工刀具路径的编制

（一）正面加工刀具路径的编制

1．粗加工手柄

1）选择"开始"→"所有程序"→"Siemens NX 10.0"→"NX 10.0"命令，进入软件 NX 10.0 初始界面，如图 6-3 所示。

E6-1　正面工序 1

表6-1 转动翼零件加工工艺

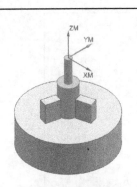 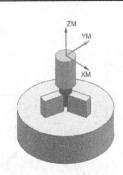

工序	工序内容	刀具	主轴转速/ (r/min)	进给率/ (mm/min)	切削深度/ mm
正面加工装夹示意图			反面加工装夹示意图		
正面加工工序					
1	粗加工手柄	φ12mm 平底铣刀	5000	3000	1
2	精加工手柄	φ12mm 平底铣刀	6000	800	0.3
3	钻孔加工	φ3mm 钻头	1500	80	—
反面加工工序					
1	粗加工叶片曲面1	φ12mm 平底铣刀	5000	4000	1
2	粗加工叶片曲面2	φ12mm 平底铣刀	5000	4000	1
3	精加工叶片曲面1	φ12R1mm 平底铣刀	6000	800	0.1
4	精加工叶片曲面2	φ12R1mm 平底铣刀	6000	800	0.1
5	精加工叶片底部1	φ4R0.2mm 平底铣刀	8000	4000	5
6	精加工叶片底部2	φ4R0.2mm 平底铣刀	8000	4000	5

2）在标准工具条单击"打开"按钮 ，进入"打开"对话框，选择"example\Chap06\ NX10.0"路径下的"转动翼.prt"文件（见素材资源包），单击"OK"按钮打开文件，如图 6-4所示。

3）在NX10.0基本环境下按<Ctrl+Alt+M>组合键进入加工模块，进入"加工环境" 对话框，"要创建的CAM设置"选择"mill_ contour"，单击"确定"按钮，如图6-5 所示。

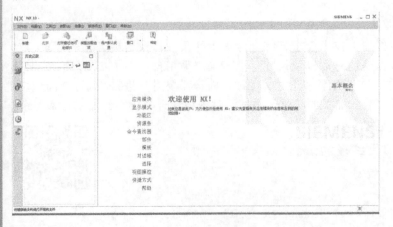

图 6-3 NX 10.0 初始界面　　　　　　　　　　　　图 6-4 转动翼模型

4）在"工序导航器"空白位置单击右键，选择"几何视图"选项，将导航器切换至几何视图。对"MCS"节点单击右键，选择"重命名"选项，将"MCS"重命名为"A"，"WORKPIECE"重命名为"A1"，如图6-6所示。

图6-5 加工环境

图6-6 切换显示方式

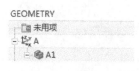

5）在"工序导航器"界面双击节点 A 进入"MCS铣削"对话框，如图6-7所示。

6）单击按钮 进入"CSYS"对话框，"类型"选择"自动判断"，选择模型圆柱体顶面中心作为坐标系放置位置；再将"类型"选项设置为"动态"，旋转调整坐标系，单击"确定"按钮，完成加工坐标系设置，如图6-8所示。

7）在"工序导航器"双击节点"A"下的节点"A1"，进入"工件"对话框。"指定部件"选择需要加工的零件；按<Ctrl+L>组合键设置显示毛坯图层，"指定毛坯"选择毛坯模型，如图6-9所示。再按<Ctrl+B>组合键设置毛坯隐藏。

图6-7 MCS铣削

a)

b)

图6-8 设置加工坐标系

8）在插入工具条单击"创建刀具"按钮 ，进入"创建刀具"对话框。"类型"选择"mill_ planar"，"刀具子类型"选择第一个小图标（MILL），"名称"为"D12C"，单击"确定"按钮，进入"铣刀-5参数"对话框，设置刀具"直径"为"12"，单击"确定"按钮退出对话框，如图6-10所示。

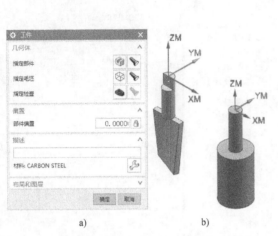

图6-9　指定部件和毛坯

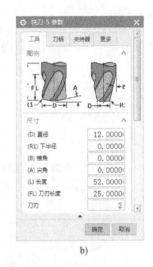

图6-10　创建刀具 D12C

9）参考上一步操作分别创建加工刀具 $\phi12R1$mm（下半径1mm）、$\phi4R0.2$mm（下半径0.2mm）平底铣刀。

10）在插入工具条单击"创建刀具"按钮 ，进入"创建刀具"对话框。"类型"设置为"drill"，"刀具子类型"选择第三个小图标（DRILLING_ TOOL），"名称"为"ZT3"，单击"确定"按钮，进入"钻刀"对话框，设置刀具"直径"为"3"，单击"确定"按钮退出对话框，如图6-11所示。

11）"工序导航器"切换至加工方法视图。在插入工具条单击"创建方法"按钮 ，进入"新建方法"对话框，"方法"设置为"MILL_ ROUGH"，"名称"设置为"C"，单击"确定"按钮进入"铣削方法"对话框，设置相关余量和公差参数，单击"确定"按钮退出对话框，如图6-12所示。

图6-11　创建刀具 ZT3

图6-12　铣削方法

12）在插入工具条单击"创建方法"按钮 ，进入"新建方法"对话框，"方法"设置为"MILL_ FINISH"，"名称"为"j"，单击"确定"按钮进入"铣削方法"对话框，在对话框内设计余量和公差参数，单击"确定"按钮退出对话框，如图6-13所示。

a)

b)

图 6-13　设置精加工公共参数

E6-2　正面
工序 1~3

13）"工序导航器"切换至几何视图。在插入工具条单击"创建工序"按钮 ，进入"创建工序"对话框。"类型"选择"mill_ contour"，"工序子类型"选择"实体轮廓3D"图标 ，"刀具"选择"D12C"，"几何体"选择"A1"，"方法"选择"C"，如图6-14所示。

14）单击"确定"按钮进入"实体轮廓3D"对话框。在"实体轮廓3D"对话框单击"指定壁"按钮 ，进入"壁几何体"对话框，选择手柄平面，如图6-15所示。

图 6-14　创建工序

a)

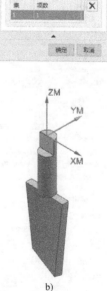

b)

图 6-15　壁几何体

15）在"实体轮廓 3D"对话框单击"切削参数"按钮 ，进入"切削参数"对话框，"多刀路"和"余量"选项卡切削参数设置如图 6-16 所示。

a)   b)

图 6-16　切削参数

16）在"实体轮廓 3D"对话框单击"非切削移动"按钮 ，进入"非切削移动"对话框，"进刀"选项卡参数设置如图 6-17 所示。

17）在"实体轮廓 3D"对话框单击"生成"按钮 ，生成刀具路径，如图 6-18 所示。

2. 精加工手柄

1）在"工序导航器"通过右键复制粘贴上一步工序创建的实体轮廓 3D 刀具路径，双击实体轮廓 3D 刀具路，径进入"实体轮廓 3D"对话框，参数设置如图 6-19 所示。

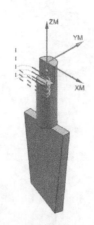

图 6-17　非切削移动　　　　图 6-18　生成刀具路径　　　　图 6-19　实体轮廓 3D

2）在"实体轮廓 3D"对话框单击"切削参数"按钮 ，进入"切削参数"对话框，"多刀路"和"余量"选项卡切削参数设置如图 6-20 所示。

图 6-20 切削参数

3）在"实体轮廓 3D"对话框单击"生成"按钮 ，生成刀具路径，如图 6-21 所示。

3. 钻孔加工

1）在插入工具条单击"创建工序"按钮 ，进入"创建工序"对话框。"类型"选择"drill"，"工序子类型"选择"断屑钻图标 "，"刀具"选择"ZT2.3"，"几何体"选择"A1"，"方法"选择"METHOD"，单击"确定"按钮进入"钻孔"对话框。

2）在"钻孔"对话框单击"指定孔"按钮 ，进入"点到点几何体"对话框，单击"选择"按钮，选择手柄上孔的边界，如图 6-22 所示。

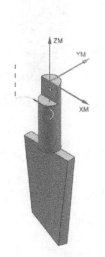

图 6-21 生成刀具路径

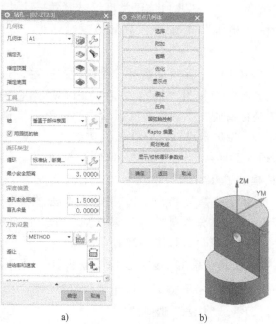

图 6-22 指定孔

3）在"钻孔"对话框单击"避让"按钮，在弹出的对话框内单击"Clearance Plane"，进入"安全平面"对话框，单击"指定"，进入"刨"对话框，选择手柄侧向平面，"距离"设置为"50mm"，单击"确定"按钮，如图6-23所示。

4）在"钻孔"对话框单击"生成"按钮，生成刀具路径，如图6-24所示。

图6-23　钻孔避让

（二）反面加工刀具路径的编制

1. 粗加工叶片曲面1

1）在插入工具条单击"创建几何体"按钮，进入"创建几何体"对话框。"几何体"设置为"GEOMETRY"，"名称"设置为"B"，"几何体子类型"选择第一个小图标，单击"确定"按钮进入"MCS"对话框，如图6-25所示。

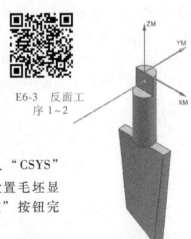

E6-3　反面工序1~2

2）在"MCS"对话框单击"CSYS"按钮，进入"CSYS"对话框，"类型"设置为"动态"，按<Ctrl+W>组合键设置毛坯显示，将加工坐标系放置在零件圆柱顶面中心，单击"确定"按钮完成零件反面加工坐标系设置，如图6-26所示。

3）在插入工具条单击"创建几何体"按钮，进入"创建几何体"对话框。"几何体"设置为"B"，"名称"设置为"B1"，"几何体子类型"选择第二个小图标，单击"确定"按钮进入

图6-24　生成刀具路径

"工件"对话框。"指定部件"选择需要加工的零件（图6-27c），"指定毛坯"选择创建好的回转体毛坯（图6-27d），如图6-27所示。

4）在插入工具条单击"创建工序"按钮，进入"创建工序"对话框。"类型"选择"mill_ contour"，"工序子类型"选择"固定轮廓铣"图标，"刀具"选择"D12C"，"几何体"选择"B"，"方法"选择"C"。

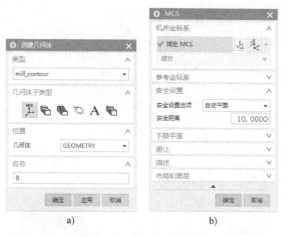

图 6-25　创建几何体

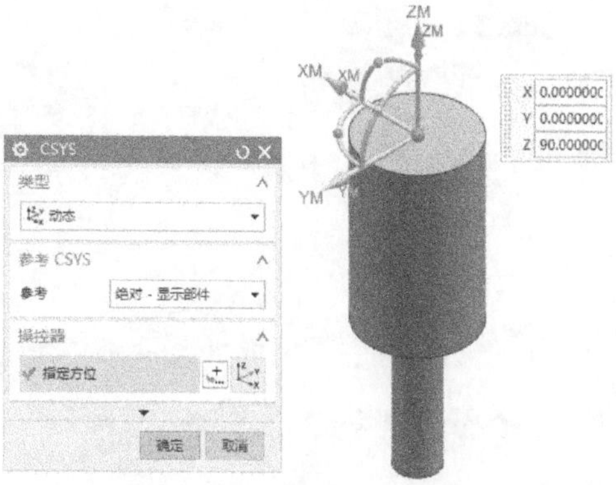

图 6-26　设置加工坐标系

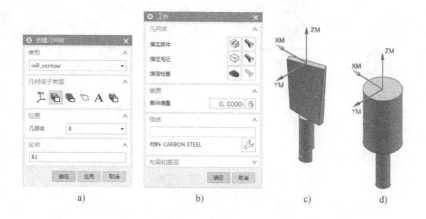

图 6-27　指定部件和毛坯

5）在"固定轮廓铣"对话框"刀轴"项，"轴"设置为"指定矢量"，单击"指定矢量"按钮 ，进入"矢量"对话框，设置相关参数后单击"确定"按钮返回"固定轮廓铣"对话框，如图 6-28 所示。

6）在"固定轮廓铣"对话框"驱动方法"项单击"方法"编辑按钮 ，进入"曲面区域驱动方法"对话框。单击"指定驱动几何体"按钮 ，选择叶片侧向曲面 1 作为驱动几何体，设置驱动参数后单击"确定"按钮，如图 6-29 所示。

7）在"固定轮廓铣"对话框单击"切削参数"按钮 ，进入"切削参数"对话框，"余量"选项卡切削参数设置如图 6-30 所示。

8）在"固定轮廓铣"对话框单击"非切削移动"按钮 ，进入"非切削移动"对话框，"进刀"选项卡参数设置如图 6-31 所示。

9）在"固定轮廓铣"对话框单击"生成"按钮 ，生成刀具路径，如图 6-32 所示。

2. 粗加工叶片曲面 2

1）在"工序导航器"通过右键复制粘贴上一步工序创建的固定轮廓铣刀具路径，双击固定轮廓铣刀具路径，进入"固定轮廓铣"对话框。

6

PROJECT

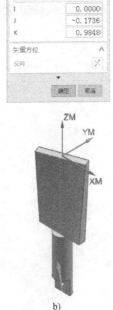

a)   b)

图 6-28　设置矢量方向

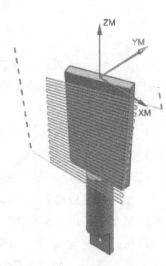

a)   b)

图 6-29　曲面区域驱动方法

图 6-30　切削参数

图 6-31　非切削移动

图 6-32　生成刀具路径

2）"固定轮廓铣"对话框"刀轴"项，"轴"设置为"指定矢量"，单击"指定矢量"按钮 ，进入"矢量"对话框，设置相关参数后单击"确定"按钮返回"固定轮廓铣"对话框，如图 6-33 所示。

3）在"固定轮廓铣"对话框"驱动方法"项单击"方法"编辑按钮，进入"曲面区域驱动方法"对话框。单击"指定驱动几何体"按钮，选择叶片侧向曲面 2 作为驱动几何体，设置驱动参数后单击"确定"按钮，如图 6-34 所示。

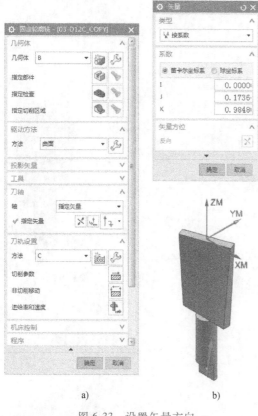

图 6-33　设置矢量方向

图 6-34　设置驱动方法

4）在"固定轮廓铣"对话框单击"生成"按钮，生成刀具路径，如图 6-35 所示。

3. 精加工叶片曲面 1

1）在插入工具条单击"创建工序"按钮，进入"创建工序"对话框。"类型"选择"mill_ multi-axis"，"工序子类型"选择"可变轮廓铣"图标，"刀具"选择"D12R1"，"几何体"选择"B"，"方法"选择"J"。

2）单击"确定"按钮进入"可变轮廓铣"对话框，"指定部件"选择转动翼实体，"指定检查"选择手柄圆柱体，"指定切削区域"选择叶片侧向曲面 1，其他相关参数设置如图 6-36 所示。

3）在"可变轮廓铣"对话框"驱动方法"项单击"方法"编辑按钮，进入"曲面区域驱动方法"对话框。单击"指定驱动几何体"按钮，选择叶片侧向曲面 1 作为驱动几何体，设置驱动参数后单击"确定"按钮，如图 6-37 所示。

4）在"可变轮廓铣"对话框"刀轴"项单击"指定侧刃方向"

E6-4　反面工序
3~5 及后处理

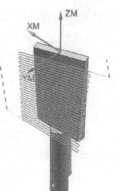

图 6-35　生成刀具路径

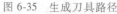

6

PROJECT

a)　　　　　b)

图 6-36　设置可变轮廓铣几何体

a)　　　　　b)

图 6-37　设置驱动方法

按钮 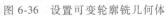，进入"选择侧刃驱动方向"对话框，选择"+Z"方向后单击"确定"按钮，如图 6-38 所示。

5）在"可变轮廓铣"对话框单击"切削参数"按钮 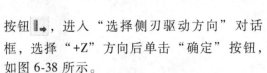，进入"切削参数"对话框，"余量"选项卡切削参数设置如图 6-39 所示。

6）在"可变轮廓铣"对话框单击"非切削移动"按钮，进入"非切削移动"对话框，"进刀"选项卡参数设置如图 6-40 所示。

7）在"可变轮廓铣"对话框单击"生成"按钮，生成刀具路径，如图 6-41 所示。

4. 精加工叶片曲面 2

1）在"工序导航器"通过右键复制粘贴上一步工序创建的可变轮廓铣刀具路径，双击可变轮廓铣刀具路径，进入"可变轮廓铣"对话框。"指定部件"选择转动翼实

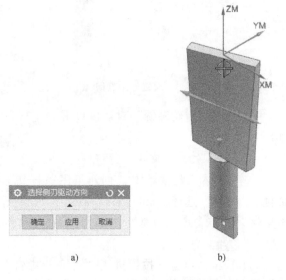

a)　　　　　b)

图 6-38　设置侧刃驱动方向

体，"指定检查"选择手柄圆柱体，"指定切削区域"选择叶片侧向曲面 2，其他相关参数设置如图 6-42 所示。

2）在"可变轮廓铣"对话框"驱动方法"项单击"方法"编辑按钮，进入"曲面区域驱动方法"对话框。单击"指定驱动几何体"按钮，选择叶片侧向曲面 2 作为驱动几何体，设置驱动参数后单击"确定"按钮，如图 6-43 所示。

图 6-39 切削参数

图 6-40 非切削移动

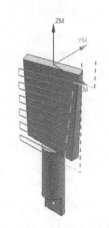

图 6-41 生成刀具路径

a)   b)

图 6-42 设备可变轮廓铣几何体

a)   b)

图 6-43 设置驱动方法

3）在"可变轮廓铣"对话框"刀轴"项单击"指定侧刃方向"按钮 ，进入"选择侧刃驱动方向"对话框，选择"+Z"方向后单击"确定"按钮，如图 6-44 所示。

4）在"可变轮廓铣"对话框单击"生成"按钮 ，生成刀具路径，如图 6-45 所示。

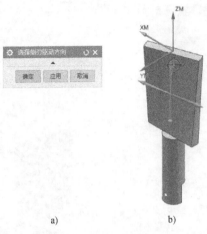

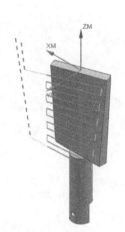

图 6-44　设置侧刃驱动方向

图 6-45　生成刀具路径

5. 精加工叶片底部 1

1）在插入工具条单击"创建工序"按钮 ，进入"创建工序"对话框。"类型"选择"mill_ multi-axis"，"工序子类型"选择"外形轮廓铣"图标 ，"刀具"选择"D4R. 2"，"几何体"选择"B"，"方法"选择"J"。单击"确定"按钮进入"外形轮廓铣"对话框，"指定部件"选择叶片侧向曲面，"指定切削区域"选择叶片侧向曲面，相关参数设置如图6-46所示。

2）在"曲线"工具栏单击"在面上偏置曲线"，进入"在面上偏置曲线"对话框，选择叶片侧向曲面 1 的底部曲线，在侧向曲面 1 上偏置 2mm，单击"应用"按钮。

在"外形轮廓铣"对话框单击"驱动方法"编辑按钮 ，进入"曲线/点驱动方法"对话框，"过滤器"选择"相连曲线"，选择叶片侧向曲面 1 上的偏置曲线段作为驱动几何体，设置驱动参数后单击"确定"按钮，如图 6-47 所示。

3）在"外形轮廓铣"对话框单击"切削参数"按钮 ，进入"切削参数"对话框，"余量"选项卡切削参数设置如图 6-48 所示。

4）在"外形轮廓铣"对话框单击"非切削移动"按钮 ，进入"非切削移动"对话框，"进刀"选项卡参数设置如图 6-49 所示。

5）在"外形轮廓铣"对话框单击"生成"按钮 ，生成刀具路径，如图 6-50 所示。

6. 精加工叶片底部 2

1）在"工序导航器"通过右键复制粘贴上一步工序创建的外形轮廓铣刀具路径，双击外形轮廓铣刀具路径，进入"外形轮廓铣"对话框。"指定部件"选择叶片侧向曲面，"指定切削区域"选择叶片侧向曲面 2，相关参数设置如图 6-51 所示。

2）同上一步工序，在叶片侧向曲面 2 上设置相应的偏置曲线。

在"外形轮廓铣"对话框单击"驱动方法"编辑按钮 ，进入"曲线/点驱动方法"对话框，过滤器选择"相连曲线"，按顺序选择叶片侧向曲面 2 上的曲线段作为驱动几何体，设置驱动参数后单击"确定"按钮，如图 6-52 所示。

3）在"外形轮廓铣"对话框单击"生成"按钮 ，生成刀具路径，如图 6-53
所示。

a)

b)

图 6-46　指定部件和切削区域

a)　　　　　　　b)

图 6-47　曲线/点驱动方法

图 6-48　切削参数

图 6-49　非切削移动

图 6-50　生成刀具路径

6

PROJECT

a)

b)

图 6-51　指定部件和切削区域

a)

b)

图 6-52　曲线/点驱动方法

图 6-53　生成刀具路径

三、转动翼零件加工 NC 程序的生成

在"工序导航器"中，选取已生成的刀具路径文件，单击右键选择"后处理"功能，在"后处理"对话框中选择合适的"后处理器"，单击"确定"按钮生成转动翼零件加工 NC 程序，如图 6-54 所示。

a)　　　　　　　　b)　　　　　　　　c)

图 6-54　转动翼零件加工 NC 程序生成

四、VERICUT8.0 数控仿真

1. 构建仿真项目

1）双击软件 VERICUT8.0 快捷方式进入软件，如图 6-55 所示。

E6-5　数控仿真
1～6

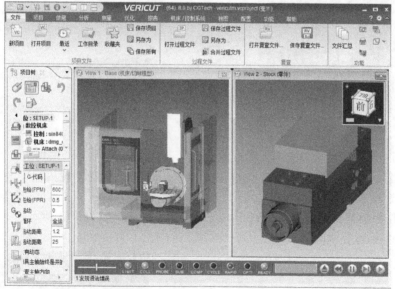

图 6-55　VERICUT8.0 界面

2）在"文件"工具栏单击"新项目"按钮，进入"新的 VERICUT 项目"对话框，选择"从一个模板开始"，单击浏览按钮 ，选择 "example \ Chap06 \ Vericut8.0"目录下文件"DMG_DMU60_iTNC530. vcproject"（见素材资源包），如图 6-56 所示。

3）单击"确定"按钮，加载机床，如图 6-57 所示。

2. 仿真模型（夹具、毛坯）加载和定位

1）在"项目树"选择"Fixture"节点，单击右键选择 "添加模型"→"模型文件"，选择

6
PROJECT

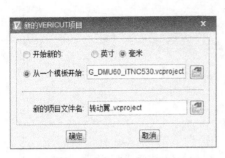

图 6-56　新建仿真项目

图 6-57　加载机床

"example\Chap06\Vericut8.0\Fixture.ply"（见素材资源包）。

2）在"项目树"选择"Stock"节点，单击右键选择"添加模型"→"模型文件"，选择 "example\Chap06\Vericut8.0\Stock.ply"（见素材资源包），添加的毛坯与夹具如图 6-58 所示。

3. 加工坐标系的配置

1）在"项目树"选择"坐标系统"节点，在"配置坐标系统"单击按钮 添加新的坐标系 ，如图 6-59 所示。

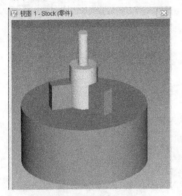

图 6-58　添加毛坯与夹具

图 6-59　添加新的坐标系

2）在"配置坐标系统"选择"CSYS"选项卡，单击"位置"输入框，输入框变色（亮黄色），如图 6-60 所示。

3）在操作界面捕捉毛坯的端面圆心，完成坐标系配置，如图 6-61 所示。

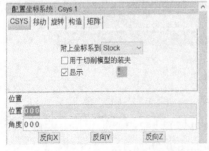

图 6-60　配置坐标系统

图 6-61　捕捉圆心

4. 配置 G-代码偏置

1）在"项目树"选择"G-代码偏置"，"偏置名"设置为"工作偏置"，"寄存器"设置为"1",单击"添加"按钮,如图 6-62 所示。

2)进入"配置工作偏置"对话框,在"配置工作偏置"对话框中,"到"设置为"坐标原点",如图 6-63 所示。

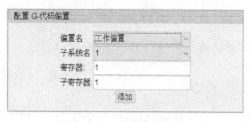

图 6-62 添加工作偏置

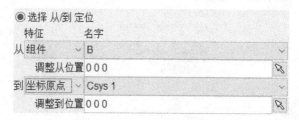

图 6-63 配置工作偏置

5. 刀具库的创建

1)双击"项目树"中的"加工刀具"节点,进入"刀具管理器"对话框,如图 6-64 所示。

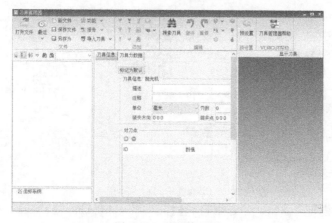

图 6-64 刀具管理器

2)在"刀具管理器"对话框单击按钮 🔧 铣刀 ,创建铣刀 D12C,参数设置如图 6-65 所示。刀柄参数设置可扫描二维码 E6-5 观看。

3)在"刀具管理器"对话框单击按钮 🔧 孔加工刀具 ,创建钻头 ZT2.3,参数设置如图 6-66 所示。

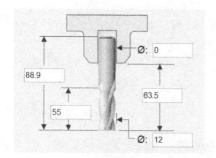

图 6-65 创建铣刀 D12C

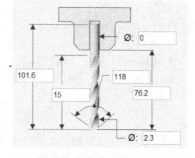

图 6-66 创建钻头 ZT2.3

4)创建完成的刀具列表如图 6-67 所示。

5)在"刀具管理器"对话框单击按钮 💾 保存文件 ,保存创建的刀具。

6. 仿真校验所生成的 NC 程序

1）在"项目树"选择"数控程序"节点，进入"配置数控程序"对话框，单击按钮 添加数控程序文件 ，如图 6-68 所示。

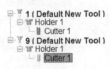

图 6-67　刀具列表

图 6-68　添加数控程序文件

2）选择"example\Chap06\Vericut8.0"目录下文件"转动翼-A.h"（见素材资源包），完成后项目树如图 6-69 所示。

3）单击主界面右下方重置模型按钮 。

7. 添加第二工位

1）在"项目树"选择"项目：转动翼"节点，进入"配置项目"对话框，单击"增加新工位"，如图6-70所示。

2）删除第二工位项目树下"Stock"和"Fixture"组件下原来的毛坯和夹具模型。

E6-6　数控仿真 7~11

3）删除第二工位项目树下原来的数控程序。

图 6-69　配置完成的项目树

8. 添加第二工位夹具

1）在第二工位"项目"树选择"Fixture"节点，单击右键选择"添加模型"→"模型文件"，选择"example\Chap06\Vericut8.0\Fixture-B.ply"（见素材资源包）。单击主界面右下方单步按钮 ，将第一工位的加工结果传递至第二工位作为毛坯。

2）在第二工位"项目树"选择"Stock"节点，在项目树下方"配置组件"对话框选择"移动"选项卡，单击按钮 保留毛坯的转变 ，参数设置如图 6-71 所示。

图 6-70　增加第二工位

图 6-71　保留毛坯的转变

3）在第二工位"项目树"选择"Csys1"节点，在项目树下方"配置坐标系统"对话框单击"位置"输入框，使输入框变色（亮黄色），选择圆柱体上端面圆心，如图 6-72 所示。

9. 仿真校验所生成的 NC 程序

1）在"项目树"选择"数控程序"节点，进入"配置数控程序"对话框，单击按钮 添加数控程序文件 ，如图 6-73 所示。

图 6-72　调整坐标系

图 6-73　添加数控程序文件

2）选择"example\Chap06\Vericut 8.0"目录下文件"转动翼-B.h"（见素材资源包）。

10. 运行 NC 程序

单击主界面右下方仿真到末端按钮 ▶ ，完成第一工位仿真后再次单击仿真到末端按钮 ▶ ，运行第二工位仿真，仿真结果如图6-74所示。

11. 文件汇总

在"文件"工具栏单击按钮 文件汇总 ，进入"文件汇总"对话框，单击拷贝按钮 ，选择目标存放路径保存文件。

图 6-74　转动翼加工仿真结果

项目考核 （表6-2）

表 6-2　转动翼零件加工项目考核卡

考核项目	考核内容	评价(0~10分)				考核者
		差	一般	好	很好	
		0~3分	4~6分	7~8分	9~10分	
职业素养	态度积极主动,能自主学习及相互协作,尊重他人,注重沟通					
	遵守学习场所管理纪律,能服从教师安排					
	学习过程全勤,配合教学活动					
技能目标	能学完项目的基础理论知识					
	能通过获取有效资源解决学习中的难点					
	能运用项目的基础理论知识进行手工或软件编程					
	能运用项目的基础理论知识编制加工工艺或编制工作步骤					
	能编制项目零件的生产加工刀具路径					
	能通过软件仿真测试出编制程序的合理性,并完善					
	能分析项目零件编程技术的难点,并总结改进					
	合计					

练习题

在素材资源包中打开"example\Chap06\NX10.0"目录下的"振动盘.prt"文件，如图6-75所示，以本项目案例为参考，完成振动盘零件加工程序编制的练习。

图 6-75　振动盘模型

6

PROJECT

项目七 左半球体零件的加工

加工左半球体零件，制订左半球体零件的加工工艺，合理选择加工刀具以及相关切削参数，掌握五轴加工程序编制中轮廓加工，曲面、曲线、点、流线加工方式等功能综合应用的方法。

项目描述

左、右半球体零件属于半球类零件，后续左、右半球体装配对装配间隙尺寸精度要求较高，应先对左、右半球体内壳部分以及不涉及装配尺寸精度要求的特征完成加工。M32 外螺纹以及其余三个需要配合的特征尺寸需预留一定的加工余量，以满足后续装配时配合精度的工艺需要。左、右半球体为结构相似的零件，对称装配。本项目以左半球体零件为例，说明加工过程，右半球体零件加工过程与其类似。左半球体零件图及毛坯零件图分别如图 7-1 和图 7-2 所示。

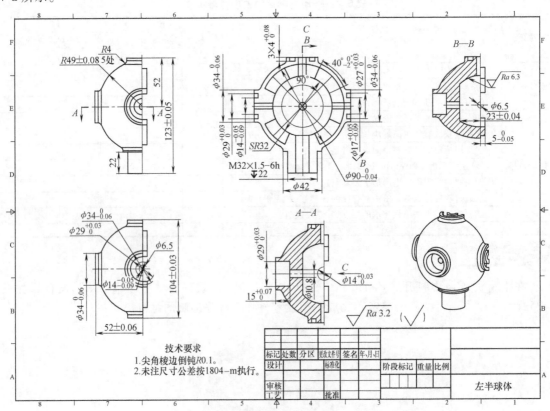

图 7-1 左半球体零件图

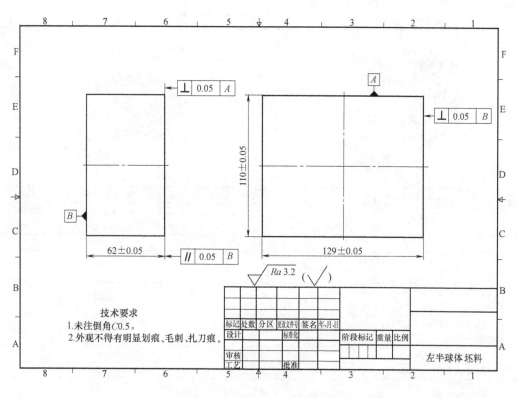

图 7-2　左半球体毛坯零件图

相关知识

一、分析左半球体零件加工工艺

1) 分析左半球体零件结构：主要由内、外壳形结构组成。

2) 要求将左半球体零件图所示结构加工完毕，同时预留一定的余量，在与右半球体装配后再加工出装配特征。

二、确定左半球体零件加工方法

1) 装夹方式：左半球体零件采用长方体形毛坯，因此使用平口虎钳进行定位装夹。

2) 加工方法：采用定轴加工，提高加工效率并保证表面精度达到图样要求。

3) 加工刀具：$\phi 50mm$、$\phi 20R0.8mm$、$\phi 12mm$、$\phi 10mm$、$\phi 6mm$ 平底铣刀，$\phi 10mm$ 倒角刀和 $\phi 10.8mm$ 钻头。

项目实施

一、制订左半球体零件加工工艺

根据零件图样综合分析零件加工技术要求，综合考虑毛坯尺寸以及装夹工艺的要求，对零件进行合理的工艺规划。根据毛坯外形以及尺寸特点，确定采用平口虎钳对零件分别进行正、反面加工装夹，由于左、右半球体零件需要对称装配，因此本次加工预留一定的余量以满足后续装配加工的需要。制订的左半球体零件加工工艺见表 7-1。

7

PROJECT

表 7-1　左半球体零件加工工艺

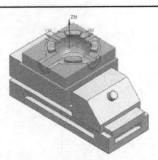
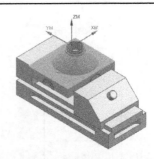

	正面加工装夹示意图			反面加工装夹示意图		
工序	工序内容	刀具	主轴转速/（r/min）	进给率/（mm/min）	切削深度/mm

工序	工序内容	刀具	主轴转速/（r/min）	进给率/（mm/min）	切削深度/mm
	正面加工工序				
1	粗加工 φ90mm 装配凸台外轮廓	φ12mm 平底铣刀	5000	3000	2
2	粗加工 123mm×104mm 毛坯外形	φ12mm 平底铣刀	5000	4000	1
3	精加工 123mm×104mm 毛坯外形	φ12mm 平底铣刀	5000	4000	0.2
4	钻 φ10.8mm 孔	φ10.8mm 钻头	1500	100	—
5	粗加工 SR32mm 半球曲面	φ20R0.8mm 平底铣刀	3500	3500	1
6	半精加工 SR32mm 半球曲面	φ20R0.8mm 平底铣刀	4000	5000	1
7	精加工 SR32mm 半球曲面	φ20R0.8mm 平底铣刀	8000	4000	0.3
8	精加工 φ90mm 装配凸台外轮廓	φ20R0.8mm 平底铣刀	6000	800	0.2
9	精加工 φ90mm 装配凸台表面	φ20R0.8mm 平底铣刀	6000	800	0.2
10	加工 φ90mm 装配凸台倒角	φ10mm 倒角刀	6000	1000	—
11	加工 φ10.8mm 通孔倒角	φ10mm 倒角刀	6000	1000	—
12	加工 123mm×104mm 毛坯外形倒角	φ10mm 倒角刀	6000	1000	—
13	精加工 φ90mm 装配凸台外轮廓	φ6mm 平底铣刀	6000	800	0.2
	反面加工工序				
1	粗加工半球体外轮廓	φ50mm 平底铣刀	5000	3000	1
2	粗加工 φ29mm 内孔轮廓	φ12mm 平底铣刀	5000	3000	1
3	精加工 φ29mm 内孔上平面	φ10mm 平底铣刀	6000	800	—
4	精加工 φ29mm 内孔轮廓	φ10mm 平底铣刀	6000	800	0.2
5	加工 φ29mm 内孔内轮廓倒角	φ10mm 倒角刀	6000	800	—
6	加工 φ29mm 内孔外轮廓倒角	φ10mm 倒角刀	6000	800	—
7	加工 φ10.8mm 内孔轮廓倒角	φ10mm 倒角刀	6000	800	—

二、左半球体零件加工刀具路径的编制

（一）正面加工刀具路径的编制

1. 粗加工 φ90mm 装配凸台外轮廓

1）选择 "开始"→"所有程序"→"Siemens NX 10.0"→"NX 10.0" 命令，进入软件 NX 10.0 初始界面，如图 7-3 所示。

E7-1　正面工序 1

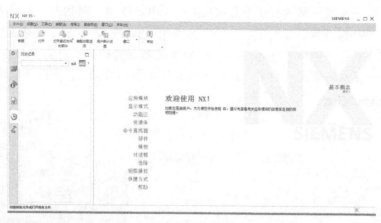

图 7-3　NX 10.0 初始界面

2）在标准工具条单击"打开"按钮 ，进入 "打开"对话框，选择"example\Chap07\NX10.0"路 径下的"左半球体.prt"文件（见素材资源包），单击 "OK"按钮打开文件，如图 7-4 所示。

3）在 NX10.0 基本环境下按<Ctrl+Alt+M>组合键， 进入"加工环境"对话框，"要创建的 CAM 设置"选 择"mill_contour"，单击"确定"按钮，如图 7-5 所示。

4）在"工序导航器"空白位置单击右键，选择 "几何视图"选项，将导航器切换至几何视图。对 "MCS"节点单击右键，选择"重命名"选项，将"MCS"重命名为"A"，"WORKPIECE" 重命名为"A1"，如图 7-6 所示。

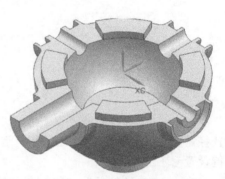

图 7-4　左半球体模型

图 7-5　加工环境

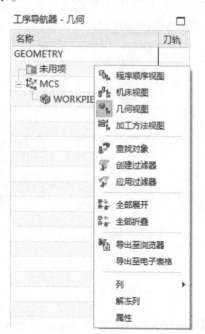

图 7-6　切换显示方式

7

PROJECT

5）在"工序导航器"界面双击节点A进入"MCS 铣削"对话框，如图7-7所示。

6）按<Ctrl+W>组合键设置毛坯显示。单击按钮，进入"CSYS"对话框，"类型"选择"自动判断"，选择六面体毛坯顶面中心作为坐标系放置位置；再将"类型"设置为"动态"，旋转调整坐标系，单击"确定"按钮，完成加工坐标系设置，如图7-8所示。

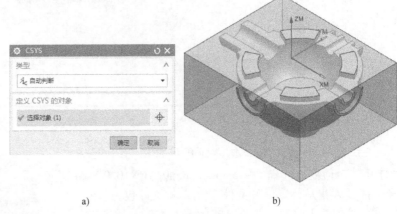

| 图 7-7　MCS 铣削 | 图 7-8　设置加工坐标系 |

7）在"工序导航器"双击节点"A"下的节点A1，进入"工件"对话框。"指定部件"选择需要加工的零件，"指定毛坯"选择六面体毛坯模型，如图7-9所示。再按<Ctrl+B>组合键设置毛坯隐藏。

8）"工序导航器"切换到机床视图。在插入工具条单击"创建刀具"按钮，进入"创建刀具"对话框。"类型"选择"mill_ planar"，"刀具子类型"选择第一个小图标（MILL），"名称"为"D50"，单击"确定"按钮，进入"铣刀-5参数"对话框，设置刀具"直径"为"50"，单击"确定"按钮退出对话框，如图7-10所示。

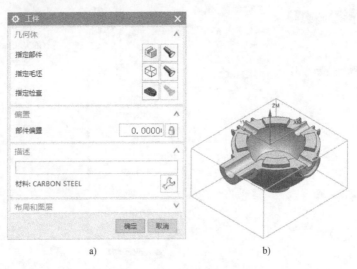

a)　　　　　　　　b)

图 7-9　指定部件和毛坯

9）参考上一步操作，分别创建加工刀具 $\phi20R0.8$mm、$\phi12$mm、$\phi10$mm、$\phi6$mm 平底铣刀。

10）在插入工具条单击"创建刀具"按钮，进入"创建刀具"对话框。"类型"设置为"drill"，"刀具子类型"选择第三个小图标（DRILLING_ TOOL），"名称"为"ZT10.8"，单击"确定"按钮，进入"钻刀"对话框，设置刀具"直径"为10.8，单击"确定"按钮退出对话框，如图7-11所示。

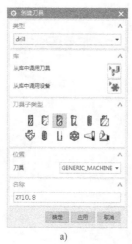
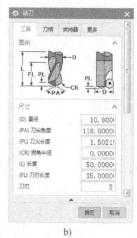

图 7-10　创建刀具 D50　　　　　　图 7-11　创建刀具 ZT10.8

11）在插入工具条单击"创建刀具"按钮 ，进入"创建刀具"对话框。"类型"选择"drill"，"刀具子类型"选择第七个小图标（COUNTERSINKING_ TOOL），"名称"为"DJ10×45"，单击"确定"按钮，进入"铣刀-5参数"对话框，设置刀具"直径"为"10"，单击"确定"按钮退出对话框，如图7-12所示。

12）"工序导航器"切换至加工方法视图。在插入工具条单击"创建方法"按钮 ，进入"新建方法"对话框，"方法"设置为"MILL_ ROUGH"，"名称"设置为"C"，单击"确定"按钮进入"铣削方法"对话框，设置相关余量和公差参数，单击"确定"按钮退出对话框，如图7-13所示。

E7-2　正面工序 1~3

13）在插入工具条单击"创建方法"按钮 ，进入"新建方法"对话框，"方法"设置为"MILL_ FINISH"，"名称"为"j"，单击"确定"按钮进入"铣削方法"对话框，设置相关余量和公差参数，单击"确定"按钮退出对话框，如图7-14所示。

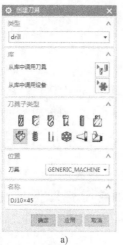
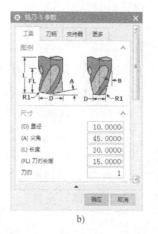

a)　　　　　　　　　　　b)

图 7-12　创建倒角刀具 DJ10×45

7

PROJECT

a)   b)

图 7-13　铣削方法

a)   b)

图 7-14　设置精加工公差参数

14）"工序导航器"切换至几何视图。在插入工具条单击"创建工序"按钮 ，进入"创建工序"对话框。"类型"选择"mill_ contour"，"工序子类型"选择"型腔铣"图标 ，"刀具"选择"D12C"，"几何体"选择"A1"，"方法"选择"MILL_ ROUGH"，如图 7-15 所示。

15）单击"确定"按钮进入"型腔铣"对话框，参数设置如图 7-16 所示。

16）在"型腔铣"对话框单击"切削层"按钮 ，进入"切削层"对话框，"范围深度"设置为"3.976"，"最大距离"设置为"2mm"，单击"确定"按钮退出对话框，如图 7-17 所示。

图 7-15　创建工序

图 7-16　型腔铣

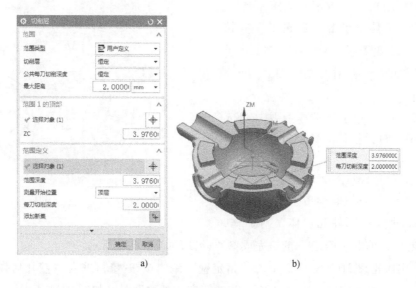

a)　　　　　　　　　　　b)

图 7-17　切削层

17）在"型腔铣"对话框单击"切削参数"按钮 ，进入"切削参数"对话框，"余量"选项卡内，勾选"使底面余量与侧面余量一致"复选框，"部件侧面余量"设置为"0.2"，单击"确定"按钮退出对话框，如图 7-18 所示。

18）在"型腔铣"对话框单击"非切削移动"按钮 ，进入"非切削移动"对话框，"进刀"选项卡参数设置如图 7-19 所示。

图 7-18　切削参数

图 7-19　非切削移动

19）在"型腔铣"对话框单击"生成"按钮 ▶，生成刀具路径，如图 7-20 所示。

2. 粗加工 123mm×104mm 毛坯外形

1）在插入工具条单击"创建工序"按钮 ▶，进入"创建工序"对话框。"工序子类型"选择"实体轮廓 3D"图标 ▶，"刀具"选择"D12C"，"几何体"选择"A"，"方法"选择"C"，单击"确定"按钮进入"实体轮廓 3D"对话框，参数设置如图 7-21 所示。

2）按<Ctrl+W>组合键设置毛坯显示。在"实体轮廓 3D"对话框单击"指定部件"编辑按钮 ▶，进入"部件几何体"对话框，

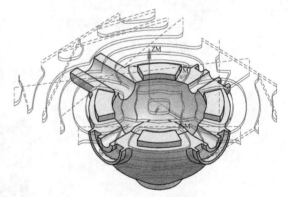

图 7-20　生成刀具路径

选择六面体毛坯，单击"确定"按钮完成参数设置，如图 7-22 所示。

3）在"实体轮廓 3D"对话框单击"指定壁"编辑按钮 ▶，进入"壁几何体"对话框，依次选择六面体四周的侧壁，单击"确定"按钮完成参数设置，如图 7-23 所示。

4）在"实体轮廓 3D"对话框单击"切削参数"按钮 ▶，进入"切削参数"对话框，在"多刀路"选项卡中，设置"侧面余量偏置"为"3"，"增量"为"1"，单击"确定"按钮退出对话框，如图 7-24 所示。

5）在"实体轮廓 3D"对话框单击"生成"按钮 ▶，生成刀具路径，按<Ctrl+W>组合键设置毛坯隐藏，如图 7-25 所示。

图 7-21 实体轮廓 3D

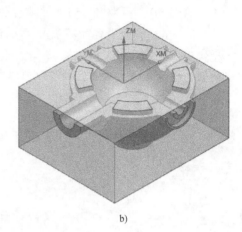

a)　　　　　　　　　　　　　b)

图 7-22 部件几何体

a)

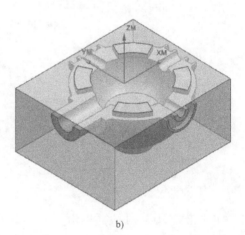

b)

图 7-23 壁几何体

图 7-24 切削参数

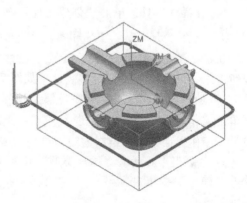

图 7-25 生成刀具路径

3. 精加工 123mm×104mm 毛坯外形

1）在"工序导航器"通过右键复制粘贴上一步工序创建的实体轮廓 3D 刀具路径，双击实体轮廓 3D 刀具路径，进入"实体轮廓 3D"对话框，参数设置如图 7-26 所示。

2）在"刀轨设置"项单击"方法"编辑按钮 ，进入"新建方法"对话框，"方法"设置为"MILL_ FINISH"，"名称"设置为"j"，单击"确定"按钮进入"铣削精加工"对话框，设置相关余量和公差参数，单击"确定"按钮退出对话框，如图 7-27 所示。

图 7-26 实体轮廓 3D

a)

b)

图 7-27 铣削精加工

3）在"实体轮廓 3D"对话框单击"切削参数"按钮 ⊞，进入"切削参数"对话框，在"多刀路"选项卡中去掉"多条侧面刀路"复选框的勾选，单击"确定"按钮退出对话框，如图 7-28 所示。

4）在"实体轮廓 3D"对话框单击"生成"按钮 ⯈，生成刀具路径，如图 7-29 所示。

4. 钻 φ10.8mm 孔

1）在插入工具条单击"创建工序"按钮 ⯈，进入"创建工序"对话框。"类型"选择"drill"，"工序子类型"选择"钻孔"图标 ⯈，"刀具"选择"ZT10.8"，"几何体"选择"A1"，"方法"选择"AETHOD"，单击"确定"按钮进入"钻孔"对话框，参数设置如图 7-30 所示。

2）使用"草图"功能在零件模型顶部截面上画一个圆，在"钻孔"对话框单击"指定孔"按钮 ⬗，进入"点到点几何体"对话框，单击"选择"按钮，在操作界面选择已绘制的圆，单击"确定"按钮退出对话框，如图 7-31 所示。

E7-3 正面工序 4~7

3）"钻孔"对话框"循环类型"设置为"标准钻，断屑"，进入"指定参数组"对话框，单击"确定"按钮进入"Cycle 参数"对话框，设置参数后单击"确定"按钮，如图 7-32 所示。

4）在"钻孔"对话框单击"避让"按钮 ，在弹出的对话框内单击"Clearance Plane"，进入"安全平面"对话框，单击"指定"，进入"刨"对话框，选择六面体毛坯顶面，"距离"设置为"15mm"，单击"确定"按钮，如图7-33所示。

5）在"钻孔"对话框单击"生成"按钮 ，生成刀具路径，如图7-34所示。

5. 粗加工 SR32mm 半球曲面

1）在插入工具条单击"创建工序"按钮 ，进入"创建工序"对话框。"工序子类

图 7-28　切削参数

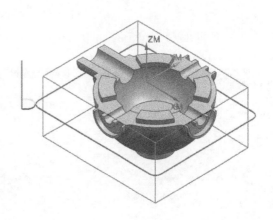

图 7-29　生成刀具路径

图 7-30　钻孔

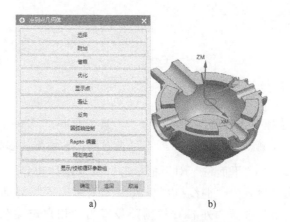

图 7-31　指定孔

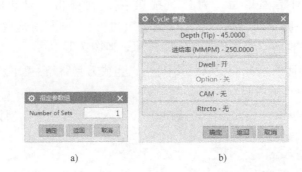

a)   b)

图 7-32   Cycle 参数

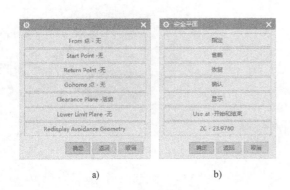

a)   b)

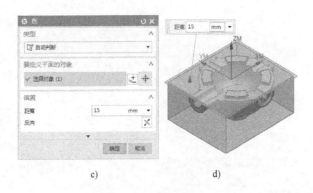

c)   d)

图 7-33   钻孔避让

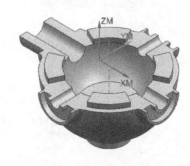

图 7-34   生成刀具路径

型"选择"平面铣"图标 ，"刀具"选择"D20"，"几何体"选择"A1"，"方法"选择"C"，单击"确定"按钮进入"平面铣"对话框，参数设置如图 7-35 所示。

2）在"平面铣"对话框单击"指定部件边界"按钮 ，进入"边界几何体"对话框。"模式"设置为"曲线/边"，进入"创建边界"对话框，选择半球体壳体内部的实体曲线；"材料侧"选择"外部"；"刨"设置为"用户定义"，进入"刨"对话框，选择半球体壳体顶面，单击"确定"按钮退出对话框，如图 7-36 所示。

图 7-35　平面铣

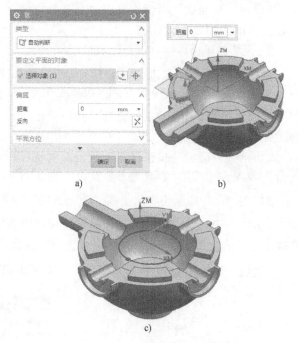

a)　　　　　　b)

c)

图 7-36　指定部件边界

3）在"平面铣"对话框单击"指定底面"按钮，进入"刨"对话框，选择半球体底平面作为底面，单击"确定"按钮退出对话框，如图 7-37 所示。

4）在"平面铣"对话框单击"切削参数"按钮，进入"切削参数"对话框，"余量"选项卡内，勾选"使底面余量与侧面余量一致"复选框，"部件侧面余量"设置为"0.2"，单击"确定"按钮退出对话框，如图 7-38 所示。

5）在"平面铣"对话框单击"非切削移动"按钮，进入"非切削移动"对话框，"进刀"选项卡参数设置如图7-39 所示。

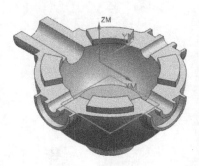

图 7-37　指定底面

图 7-38　切削参数

图 7-39　非切削移动

7 PROJECT

6）在"平面铣"对话框单击"生成"按钮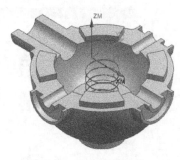，生成刀具路径，如图7-40所示。

6. 半精加工 *SR*32mm 半球曲面

1）在插入工具条单击"创建工序"按钮，进入"创建工序"对话框。"类型"选择"mill_ contour"，"工序子类型"选择"固定轮廓铣"图标，"刀具"选择"D20"，"几何体"选择"A"，"方法"选择"C"。

2）单击"确定"按钮进入"固定轮廓铣"对话框，"投影矢量"设置为"刀轴"，其他参数设置如图7-41所示。

图7-40 生成刀具路径

3）在"固定轮廓铣"对话框"驱动方法"项单击"方法"编辑按钮，进入"曲面区域驱动方法"对话框。按<Ctrl+W>组合键设置辅助曲面显示，单击"指定驱动几何体"按钮，选择半球辅助曲面作为驱动几何体，设置驱动参数后单击"确定"按钮，如图7-42所示。

a)

b)

图7-41 固定轮廓铣

图7-42 曲面区域驱动方法

4）在"固定轮廓铣"对话框单击"切削参数"按钮，进入"切削参数"对话框，"余量"选项卡切削参数设置如图7-43所示。

5）在"固定轮廓铣"对话框单击"非切削移动"按钮，进入"非切削移动"对话框，"进刀"选项卡参数设置如图7-44所示。

6）在"固定轮廓铣"对话框单击"生成"按钮，生成刀具路径，如图7-45所示。

7. 精加工 *SR*32mm 半球曲面

1）在"工序导航器"通过右键复制粘贴上一步工序创建的

图7-43 切削参数

固定轮廓铣刀具路径，双击固定轮廓铣刀具路径，进入"固定轮廓铣"对话框。

2）"固定轮廓铣"对话框"投影矢量"设置为"刀轴"，其他参数设置如图7-46所示。

图7-44　非切削移动

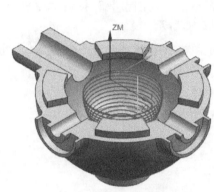

图7-45　生成刀具路径

图7-46　固定轮廓铣

3）在"固定轮廓铣"对话框"驱动方法"项单击"方法"编辑按钮 ，进入"曲面区域驱动方法"对话框。单击"指定驱动几何体"按钮 ，选择半球曲面作为驱动几何体，设置驱动参数后单击"确定"按钮，如图7-47所示。

4）在"固定轮廓铣"对话框单击"生成"按钮 ，生成刀具路径，如图7-48所示。

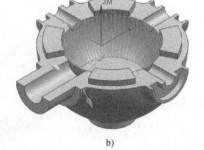

a)　　　　　　　　　　　　b)

图7-47　曲面区域驱动方法

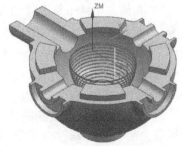

图7-48　生成刀具路径

7

PROJECT

8. 精加工 φ90mm 装配凸台外轮廓

E7-4　正面
工序 8～13

1）在插入工具条单击"创建工序"按钮 ，进入"创建工序"对话框。"类型"选择"mill_ planar"，"工序子类型"选择"底壁加工"图标 ，"刀具"选择"D20"，"几何体"选择"A1"，"方法"选择"J"。

2）单击"确定"按钮进入"底壁加工"对话框，单击"指定切削区底面"按钮 ，进入"切削区域"对话框，选择 φ90mm 顶面四个较大的平面，如图 7-49 所示。

3）在"底壁加工"对话框单击"切削参数"按钮 ，进入"切削参数"对话框，"余量"选项卡切削参数设置如图 7-50 所示。

4）在"底壁加工"对话框单击"非切削移动"按钮 ，进入"非切削移动"对话框，"进刀"选项卡参数设置如图 7-51 所示。

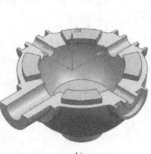

图 7-49　底壁加工切削区域

图 7-50　切削参数

图 7-51　非切削移动

5）在"底壁加工"对话框单击"生成"按钮 ，生成刀具路径，如图7-52所示。刀具路径优化操作可扫描二维码7-4观看。

9. 精加工 φ90mm 装配凸台表面

1）在插入工具条单击"创建工序"按钮 ，进入"创建工序"对话框。"类型"选择"mill_ planar""工序子类型"选择"平面铣"图标 ，"刀具"选择"D20"，"几何体"选择"A1"，"方法"选择"J"。

2）单击"确定"按钮进入"平面铣"对话框，在"平面铣"对话框单击"指定部件边界"按钮 ，进入"边界几何体"

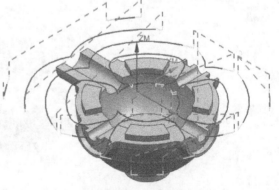

图 7-52　生成刀具路径

对话框。"模式"设置为"曲线/边",进入"创建边界"对话框,"刀具位置"设置为"对中",选择顶面的圆形中心曲线作为边界,单击"确定"按钮退出"创建边界"对话框。在"平面铣"对话框单击"指定底面"按钮,选择零件的顶面作为加工平面,如图 7-53 所示。

3)在"平面铣"对话框单击"切削参数"按钮 ,进入"切削参数"对话框,"余量"选项卡切削参数设置如图 7-54 所示。

4)在"平面铣"对话框单击"非切削移动"按钮 ,进入"非切削移动"对话框,"进刀"选项卡参数设置如图 7-55 所示。

5)在"平面铣"对话框单击"生成"按钮 ,生成刀具路径,如图 7-56 所示。

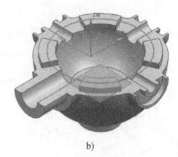

图 7-53 设置部件边界和底面

10. 加工 ϕ90mm 装配凸台倒角

1)在"工序导航器"通过右键复制粘贴上一步工序创建的平面铣刀具路径,双击平面铣刀具路径,进入"平面铣"对话框,"刀具"选择"DJ10×45"。

2)在"平面铣"对话框单击"指定部件边界"按钮 ,进入"边界几何体"对话框。"模式"设置为"曲线/边",进入"创建边界"对话框,"刀具位置"设置为"相切",过滤器选择"相切曲线",依次选择 4 个凸台顶面作为边界,单击"确定"按钮退出"创建边界"对话框。在"平面铣"对话框单击"指定底面"按钮 ,进入"刨"对话框,"距离"设置为"2mm",将所选平面向"-Z"方向偏置 2mm,如图 7-57 所示。

图 7-54 切削参数

图 7-55 非切削移动

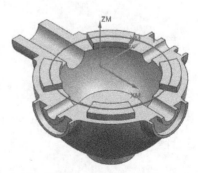

图 7-56 生成刀具路径

7

PROJECT

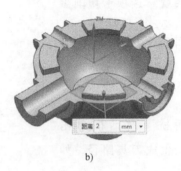

a) b)

图 7-57 设置部件边界和底面

3）在"平面铣"对话框单击"切削参数"按钮，进入"切削参数"对话框，"余量"选项卡切削参数设置如图 7-58 所示。

4）在"平面铣"对话框单击"非切削移动"按钮，进入"非切削移动"对话框，"进刀"选项卡参数设置如图 7-59 所示。

5）在"平面铣"对话框单击"生成"按钮，生成刀具路径，如图 7-60 所示。

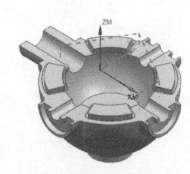

图 7-58 切削参数　　　　图 7-59 非切削移动　　　　图 7-60 生成刀具路径

11. 加工 ϕ10.8mm 通孔倒角

1）在"工序导航器"通过右键复制粘贴上一步工序创建的平面铣刀具路径，双击平面铣刀具路径，进入"平面铣"对话框。

2）在"平面铣"对话框单击"指定部件边界"按钮 ，进入"边界几何体"对话框。"模式"设置为"曲线/边"，进入"创建边界"对话框，"刀具位置"设置为"相切"，"材料侧"设置为"外部"，选择 ϕ10.8mm 通孔边作为边界，单击"确定"按钮退出"创建边界"对话框。在"平面铣"对话框单击"指定底面"按钮，选择半球体底平面作为底面，如图 7-61 所示。

3）在"平面铣"对话框单击"切削参数"按钮，进入"切削参数"对话框，"余量"选项卡切削参数设置如图 7-62 所示。

4）在"平面铣"对话框单击"非切削移动"按钮，进入"非切削移动"对话框，"进刀"选项卡"进刀点"选择 ϕ10.8mm 通孔中心，如图 7-63 所示。

a)

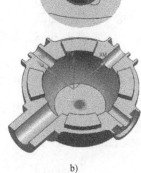

b)

图 7-61　设置部件边界和底面

图 7-62　切削参数

a)

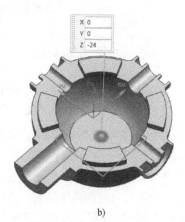

b)

图 7-63　非切削移动

7

PROJECT

5）在"平面铣"对话框单击"生成"按钮 ，生成刀具路径，如图 7-64 所示。

12. 加工 123mm×104mm 毛坯外形倒角

1）在"工序导航器"通过右键复制粘贴上一步工序创建的平面铣刀具路径，双击平面铣刀具路径，进入"平面铣"对话框。

2）按<Ctrl+W>组合键设置草图显示。在"平面铣"对话框单击"指定部件边界"按钮 ⬛，进入"边界几何体"对话框。"模式"设置为"曲线/边"，进入"创建边界"对话框，"刀具位置"设置为"相切"，"材料侧"设置为"内部"，过滤器选择"相连曲线"，依次选择草图 4 条直线作为边界，单击"确定"按钮退出"创建边界"对话框。在"平面铣"对话框单击"指定底面"按钮 ⬛，进入"刨"对话框，"距离"设置为"3mm"，将所选平面向"-Z"方向偏置 3mm，如图 7-65 所示。

3）在"平面铣"对话框单击"切削参数"按钮 ⬛，进入"切削参数"对话框，"余量"选项卡切削参数设置如图 7-66 所示。

4）在"平面铣"对话框单击"非切削移动"按钮 ⬛，进入"非切削移动"对话框，"进刀"选项卡参数设置如图 7-67 所示。

图 7-64　生成刀具路径

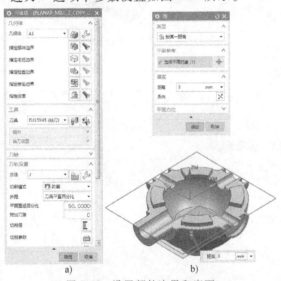

a)　　　　b)

图 7-65　设置部件边界和底面　　　图 7-66　切削参数　　　图 7-67　非切削移动

5）在"平面铣"对话框单击"生成"按钮 ，生成刀具路径，如图 7-68 所示。

13. 精加工 φ90mm 装配凸台外轮廓

1）在插入工具条单击"创建工序"按钮 ⬛，进入"创建工序"对话框。"类型"选择"mill_contour"，"工序子类型"选择"实体轮廓 3D"图标 ⬛，"刀具"选择"D6"，"几何体"选择"A1"，"方法"选择"J"，单击"确定"按钮进入"实体轮廓 3D"对话框。

2）在"实体轮廓 3D"对话框单击"指定壁"按

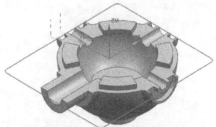

图 7-68　生成刀具路径

钮，进入"壁几何体"对话框，过滤器选择"单个面"，依次选择四个装配凸台的侧壁，单击"确定"按钮完成参数设置，如图 7-69 所示。

3）在"实体轮廓 3D"对话框单击"切削参数"按钮 ，进入"切削参数"对话框，"多刀路"和"余量"选项卡参数设置如图 7-70 所示。

a)   b)

图 7-69 壁几何体

a)

b)

图 7-70 切削参数

4）在"实体轮廓 3D"对话框单击"非切削移动"按钮 ，进入"非切削移动"对话框，"进刀"选项卡参数设置如图 7-71 所示。

5）在"实体轮廓 3D"对话框单击"生成"按钮 ，生成刀具路径，如图 7-72 所示。

图 7-71 非切削移动

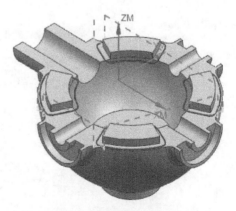

图 7-72 生成刀具路径

（二）反面加工刀具路径的编制

1. 粗加工半球体外轮廓

E7-5 反面
工序 1~2

1）在插入工具条单击"创建几何体"按钮，进入"创建几何体"对话框。"几何体"设置为"GEOMETRY"，"名称"设置为"B"，"几何体子类型"选择第一个小图标，单击"确定"按钮进入"MCS"对话框，如图 7-73 所示。

2）按<Ctrl+W>组合键设置毛坯显示。在"MCS"对话框单击按钮，进入"CSYS"对话框，"类型"选择"动态"，将加工坐标系放置在毛坯顶面中心，单击"确定"按钮完成零件反面加工坐标系设置，如图 7-74 所示。

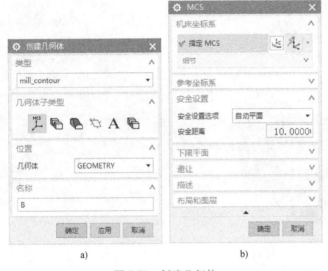

图 7-73 创建几何体

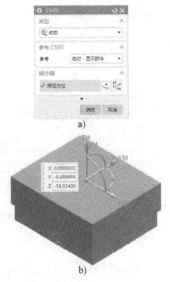

图 7-74 设置加工坐标系

3）在插入工具条单击"创建几何体"按钮，进入"创建几何体"对话框。"几何体"设置为"B"，"名称"设置为"B1"，"几何体子类型"选择第二个小图标，单击"确定"按钮，进入"工件"对话框。"指定部件"选择需要加工的零件（图 7-75c），"指定毛坯"选择创建好的毛坯（图 7-75d），如图 7-75 所示。

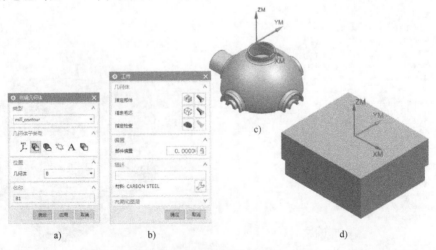

图 7-75 指定部件和毛坯

7 PROJECT

4）在插入工具条单击"创建工序"按钮 ![btn]，进入"创建工序"对话框"类型"选择"mill_ contour"，"工序子类型"选择"型腔铣"图标 ![icon]，"刀具"选择"D50"，"几何体"选择"B1"，"方法"选择"C"。

5）单击"确定"按钮进入"型腔铣"对话框，在"型腔铣"对话框单击"切削层"按钮 ![btn]，进入"切削层"对话框，参数设置如图7-76所示。

a)

b)

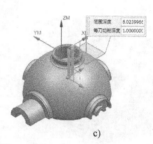
c)

图7-76 型腔铣切削层

6）在"型腔铣"对话框单击"切削参数"按钮 ![btn]，进入"切削参数"对话框，"余量"选项卡切削参数设置如图7-77所示。

7）在"型腔铣"对话框单击"非切削移动"按钮 ![btn]，进入"非切削移动"对话框，"进刀"选项卡参数设置如图7-78所示。

图7-77 切削参数

图7-78 非切削移动

8）在"型腔铣"对话框单击"生成"按钮 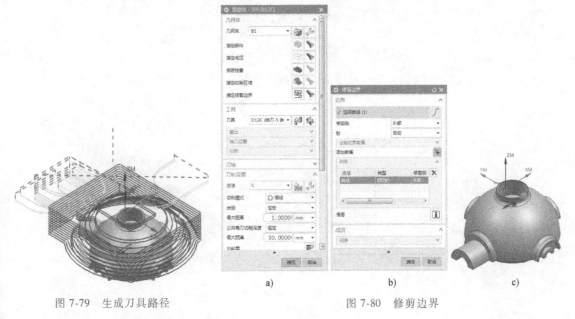，生成刀具路径，如图 7-79 所示。

2. 粗加工 φ29mm 内孔轮廓

1）在"工序导航器"通过右键复制粘贴上一步工序创建的型腔铣刀具路径，双击型腔铣刀具路径，进入"型腔铣"对话框，"刀具"选择"D12C"。

2）在"型腔铣"对话框单击"指定修剪边界"按钮 ，进入"修剪边界"对话框，选择零件顶部圆柱内轮廓作为修剪边界。"修剪边界"对话框"修剪侧"选择"外部"，如图7-80所示。

a) b) c)

图 7-79 生成刀具路径　　　　图 7-80 修剪边界

3）在"型腔铣"对话框单击"切削层"按钮 ，进入"切削层"对话框，参数设置如图 7-81 所示。

a) b)

图 7-81 型腔铣切削层

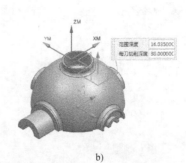

PROJECT 7

4）在"型腔铣"对话框单击"生成"按钮 ，生成刀具路径，如图7-82 所示。

3. 精加工 φ29mm 内孔上平面

1）在插入工具条单击"创建工序"按钮，进入"创建工序"对话框。"类型"选择"mill_ planar"，"工序子类型"选择"平面铣"图标，"刀具"选择"D10"，"几何体"选择"B1"，"方法"选择"J"，单击"确定"按钮进入"平面铣"对话框，参数设置如图 7-83 所示。

E7-6　反面工序 3~7 及后处理

2）在"平面铣"对话框单击"指定部件边界"按钮，进入"边界几何体"对话框。"模式"设置为"曲线/边"，进入"创建边界"对话框，选择零件顶部的圆弧边界曲线，如图 7-84 所示。

3）在"平面铣"对话框单击"指定底面"按钮，进入"刨"对话框，选择零件顶面作为底面，单击"确定"按钮退出对话框，如图 7-85 所示。

图 7-82　生成刀具路径

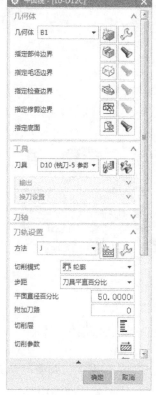

图 7-83　平面铣

a)

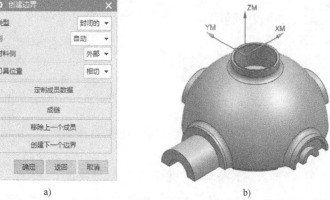

b)

图 7-84　指定部件边界

4）在"平面铣"对话框单击"切削参数"按钮，进入"切削参数"对话框，设置"部件余量"为"-6"，单击"确定"按钮退出对话框，如图 7-86 所示。

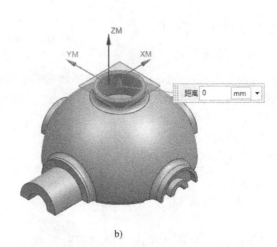

a)   b)

图 7-85　指定底面

5）在"平面铣"对话框单击"非切削移动"按钮，进入"非切削移动"对话框，"进刀"选项卡中"进刀点"设置在零件顶部圆弧中心，如图 7-87 所示。

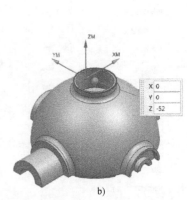

a)   b)

图 7-86　切削参数　　　　　　　　图 7-87　非切削移动

6）在"平面铣"对话框单击"生成"按钮，生成刀具路径，如图 7-88 所示。

4. 精加工 φ29mm 内孔轮廓

1）在插入工具条单击"创建工序"按钮，进入"创建工序"对话框。"类型"选择"mill_ contour"，"工序子类型"选择"实体轮廓 3D"图标，"刀具"选择"D10"，"几何体"选择"B1"，"方法"选择"J"，单击"确定"按钮进入"实体轮廓 3D"对话框，参数设置如图 7-89 所示。

2）在"实体轮廓 3D"对话框单击"指定壁"按钮，进入"壁几何体"对话框，选择零件顶部圆柱体的内侧壁，单击"确定"按钮完成参数设置，如图 7-90 所示。

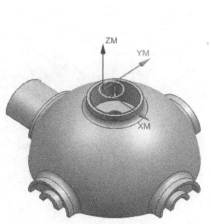

图 7-88 生成刀具路径

图 7-89 实体轮廓 3D

3）在"实体轮廓 3D"对话框单击"切削参数"按钮，进入"切削参数"对话框，"多刀路"和"余量"选项卡参数设置如图 7-91 所示。

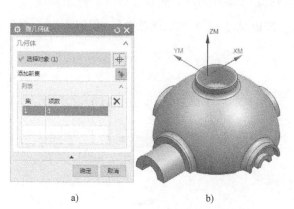

图 7-90 壁几何体

图 7-91 切削参数

4）在"实体轮廓 3D"对话框单击"非切削移动"按钮，进入"非切削移动"对话框，"进刀"选项卡中"进刀点"设置在 ϕ29mm 内孔圆心，如图 7-92 所示。

5）在"实体轮廓 3D"对话框单击"生成"按钮，生成刀具路径，如图 7-93 所示。

5. 加工 ϕ29mm 内孔内轮廓倒角

1）在插入工具条单击"创建工序"按钮，进入"创建工序"对话框。"类型"选择"mill_planar"，"工序子类型"选择"平面铣"图标，"刀具"选择"DJ10×45"，"几何体"选择"B1"，"方法"选择"J"，单击"确定"按钮进入"平面铣"对话框。

图 7-92　非切削移动

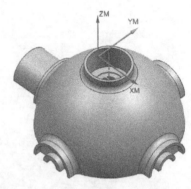

图 7-93　生成刀具路径

2）在"平面铣"对话框单击"指定部件边界"按钮，进入"边界几何体"对话框，"模式"选择"曲线/边"，进入"创建边界"对话框，选择内孔内轮廓作为边界。在"创建边界"对话框内，"材料侧"选择"外部"，单击"确定"按钮退出"创建边界"对话框。在"平面铣"对话框单击"指定底面"按钮，选择内孔顶平面作为加工底面，如图 7-94 所示。

3）在"平面铣"对话框单击"切削参数"按钮，进入"切削参数"对话框，"余量"选项卡切削参数设置如图 7-95 所示。

图 7-94　指定部件边界和底面

图 7-95　切削参数

4）在"平面铣"对话框单击"非切削移动"按钮，进入"非切削移动"对话框，参数设置如图 7-96 所示。

5）在"平面铣"对话框单击"生成"按钮，生成刀具路径，如图 7-97 所示。

图 7-96　非切削移动

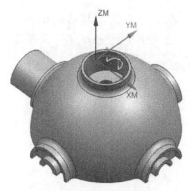

图 7-97　生成刀具路径

6. 加工 φ29mm 内孔外轮廓倒角

1）在"工序导航器"通过右键复制粘贴上一步工序创建的平面铣刀具路径，双击平面铣刀具路径，进入"平面铣"对话框。

2）在"平面铣"对话框单击"指定部件边界"按钮，进入"编辑边界"对话框，通过"全部重选"，选择内孔外轮廓作为边界。在"创建边界"对话框内，"材料侧"选择"内部"，单击"确定"按钮退出"创建边界"对话框。在"平面铣"对话框单击"指定底面"按钮，选择内孔顶平面作为加工底面，如图 7-98 所示。

3）在"平面铣"对话框单击"生成"按钮，生成刀具路径，如图7-99所示。

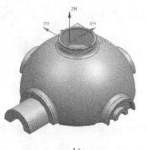

a)　　　　　　b)

图 7-98　指定部件边界和底面

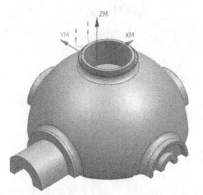

图 7-99　生成刀具路径

7 PROJECT

7. 加工 φ10.8mm 内孔轮廓倒角

1) 在"工序导航器"通过右键复制粘贴上一步工序创建的平面铣刀具路径，双击平面铣刀具路径，进入"平面铣"对话框。

2) 在"平面铣"对话框单击"指定部件边界"按钮 🖻，进入"编辑边界"对话框，通过"全部重选"，选择内孔内轮廓作为边界。在"创建边界"对话框内，"材料侧"选择"外部"，单击"确定"按钮退出"创建边界"对话框。在"平面铣"对话框单击"指定底面"按钮 🖻，选择内孔顶平面作为加工底面，如图 7-100 所示。

3) 在"平面铣"对话框单击"非切削移动"按钮 🖾，进入"非切削移动"对话框，"进刀"选项卡中"进刀点"设置在 φ10.8mm 内孔圆心，如图 7-101 所示。

图 7-100　指定部件边界和底面

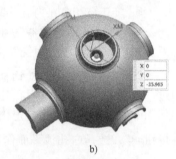

图 7-101　非切削移动

4) 在"平面铣"对话框单击"生成"按钮 🗲，生成刀具路径，如图 7-102 所示。

三、左半球体零件加工 NC 程序的生成

在"工序导航器"中，选取已生成的刀具路径文件，单击右键选择"后处理"功能，在"后处理"对话框中选择合适的"后处理器"，单击"确定"按钮生成左半球体零件加工 NC 程序，如图7-103所示。

图 7-102　生成刀具路径

四、VERICUT 8.0 数控仿真

1. 构建仿真项目

1) 双击软件 VERICUT8.0 快捷方式进入软件，如图 7-104 所示。

2) 在"文件"工具栏单击"新项目"按钮，进入"新的 VERICUT 项目"对话框，选择"从一个模板开始"，单击浏览按钮 🖼，选择"ex-

E7-7　数控仿真 1~7

7 PROJECT

ample \ Chap07 \ Vericut8.0" 目录下文件"DMG_ DMU60_ iTNC530.vcproject"（见素材资源包）如图 7-105 所示。

图 7-103　左半球体零件加工 NC 程序生成

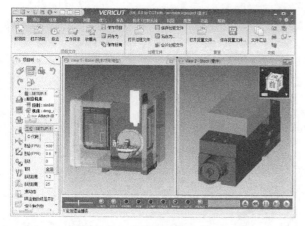

图 7-104　VERICUT8.0 界面

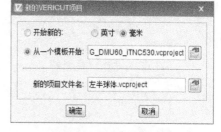

图 7-105　新建仿真项目

3）单击"确定"按钮，加载机床，如图 7-106 所示。

2. **仿真模型**（夹具、毛坯）**加载和定位**

1）在"项目树"选择"Fixture"节点，单击右键选择"添加模型"→"模型文件"，选择"example \ Chap07 \ Vericut8.0 \ vise.stl"（见素材资源包）。

2）在"项目树"选择"Stock"节点，单击右键选择"添加模型"→"方块"，在"配置模型"的"模型"选项卡中输入"长""宽""高"参数，如图7-107所示。

3）在"配置模型"选择"移动"选项卡，设置"位置"为"-74 -55 56"，单击键盘回车键确定，位置调试完成后毛坯如图 7-108 所示。

图 7-106　加载机床

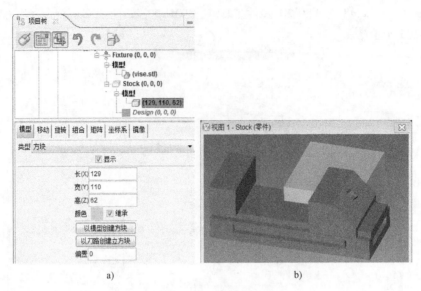

a)   b)

图 7-107　添加毛坯

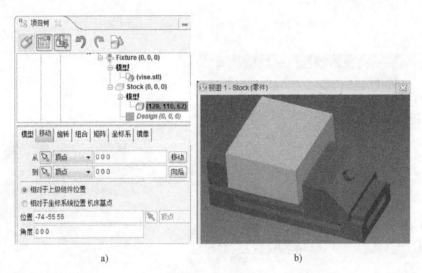

a)   b)

图 7-108　毛坯定位

3. 加工坐标系的配置

1）在"项目树"选择"坐标系统"节点，在"配置坐标系统"单击按钮 添加新的坐标系 ，如图 7-109 所示。

2）在"配置坐标系统"选择"CSYS"选项卡，单击"位置"输入框，输入框变色（亮黄色），如图 7-110 所示。

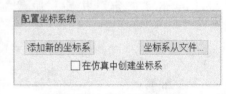

图 7-109　添加新的坐标系

3）在操作界面捕捉毛坯的端面中心，完成坐标系配置，如图 7-111 所示。

4. 配置 G-代码偏置

1）在"项目树"选择"G-代码偏置"，"偏置名"设置为"工作偏置"，"寄存器"设置为"1"，单击"添加"按钮，如图 7-112 所示。

7 PROJECT

图 7-110　配置坐标系统

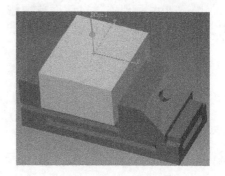

图 7-111　捕捉中心

2）进入"配置工作偏置"对话框，"配置工作偏置"对话框中"到"设置为"坐标原点"，如图 7-113 所示。

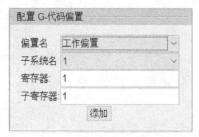

图 7-112　添加工作偏置

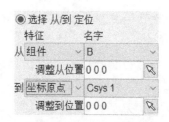

图 7-113　配置工作偏置

5. 刀具库的创建

1）双击"项目树"中的"加工刀具"节点，进入"刀具管理器"对话框，如图 7-114 所示。

2）在"刀具管理器"对话框单击按钮 铣刀，创建铣刀 D12C，参数设置如图 7-115 所示。

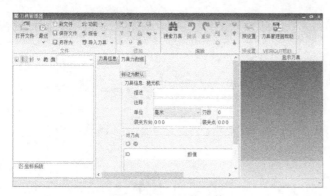

图 7-114　刀具管理器

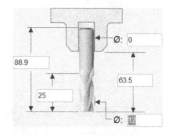

图 7-115　创建铣刀 D12C

3）在"刀具管理器"对话框单击按钮 铣刀，创建铣刀 D20，参数设置如图 7-116 所示。

4）在"刀具管理器"对话框单击按钮 孔加工刀具，创建钻头 ZT10.5，参数设置如图 7-117所示。

5）在"刀具管理器"对话框单击按钮 孔加工刀具 ，创建倒角刀 DJ10×45，勾选"允许铣削"复选框，参数设置如图 7-118 所示。

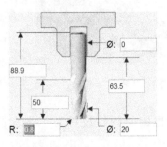

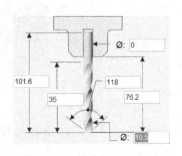

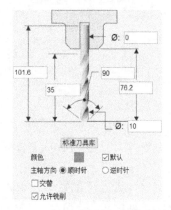

图 7-116　创建铣刀 D20　　　图 7-117　创建钻头 ZT10.5　　　图 7-118　创建倒角刀 DJ10×45

6）在"刀具管理器"对话框单击按钮 铣刀 ，创建铣刀 D6，设置参数直径＝6mm，刃长＝15mm。

7）在"刀具管理器"对话框单击按钮 铣刀 ，创建铣刀 D50，设置参数直径＝50mm，刃长＝50mm。

8）在"刀具管理器"对话框单击按钮 铣刀 ，创建铣刀 D10，设置参数直径＝10mm，刃长＝25mm。

9）创建完成的刀具列表如图 7-119 所示。

10）在"刀具管理器"对话框单击按钮 保存文件 ，保存创建的刀具。

图 7-119　刀具列表

6. 仿真校验所生成的 NC 程序

1）在"项目树"选择"数控程序"节点，进入"配置数控程序"对话框，单击按钮 添加数控程序文件 ，如图 7-120 所示。

2）选择"example \ Chap05 \ Vericut8.0"目录下文件"左半球体-A.h"（见素材资源包），完成后项目树如图 7-121 所示。

图 7-120　添加数控程序文件

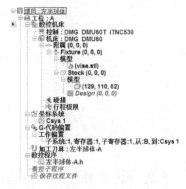

图 7-121　配置完成的项目树

3）单击主界面右下方重置模型按钮 。

4）单击主界面右下方仿真到末端按钮 ，单击右键进入"开始在"对话框，勾选"换刀"复选框，如图7-122所示。

5）单击仿真到末端按钮 ，单击右键关闭"开始在"对话框。

7. 运行 NC 程序

单击主界面右下方仿真到末端按钮 ，完成第一工位仿真，结果如图7-123所示。

8. 添加第二工位

1）在"项目树"选择"项目：左半球体"节点，进入"配置项目"对话框，单击"增加新工位"，如图7-124所示。

图 7-122 仿真

E7-8 数控仿真 8~12

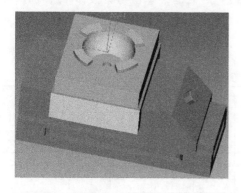

图 7-123 左半球体第一工位加工仿真结果

图 7-124 增加第二工位

2）删除第二工位项目树下"Stock"组件下原来的毛坯模型。

3）删除第二工位项目树下原来的数控程序。

9. 添加第二工位夹具

1）单击主界面右下方单步按钮 ▶│，将第一工位的加工结果传递至第二工位作为毛坯。

2）在第二工位"项目树"选择"Stock"节点，在项目树下方"配置组件"对话框选择"移动"选项卡，单击按钮 保留毛坯的转变，参数设置如图7-125所示。

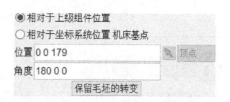

图 7-125 保留毛坯的转变

3）在第二工位"项目树"选择"Csys1"节点，在项目树下方"配置坐标系"对话框单击"位置"输入框，再次捕捉毛坯端面中心，完成第二工位坐标系的添加。

10. 仿真校验所生成的 NC 程序 2

1）在"项目树"选择"数控程序"节点，进入"配置数控程序"对话框，单击按钮 添加数控程序文件，如图7-126所示。

2）选择"example \ Chap07 \ Vericut8.0"目录下文件"左半球体-B.h"（见素材资源包）。

11. 运行 NC 程序 2

单击主界面右下方仿真到末端按钮 ，完成第二工位仿真，结果如图7-127所示。

7

PROJECT

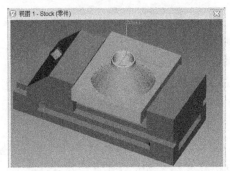

图 7-126　添加数控程序文件　　　　　图 7-127　左半球体第二工位加工仿真结果

12. 文件汇总

在"文件"工具栏单击按钮，进入"文件汇总"对话框，单击拷贝按钮 ，选择目标存放路径保存文件。

项目考核 （表 7-2）

表 7-2　左半球体零件加工项目考核卡

考核项目	考核内容	评价（0~10 分）				考核者
		差	一般	好	很好	
		0~3 分	4~6 分	7~8 分	9~10 分	
职业素养	态度积极主动，能自主学习及相互协作，尊重他人，注重沟通					
	遵守学习场所管理纪律，能服从教师安排					
	学习过程全勤，配合教学活动					
技能目标	能学完项目的基础理论知识					
	能通过获取有效资源解决学习中的难点					
	能运用项目的基础理论知识进行手工或软件编程					
	能运用项目的基础理论知识编制加工工艺或编制工作步骤					
	能编制项目零件的生产加工刀具路径					
	能通过软件仿真测试出编制程序的合理性，并完善					
	能分析项目零件编程技术的难点，并总结改进					
合　　计						

练习题

在素材资源包中打开"example \ Chap07 \ NX10.0"目录下的"固定架.prt"文件，如图 7-128 所示，以本项目案例为参考，完成固定架零件加工程序编制的练习。

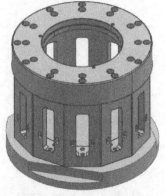

图 7-128　固定架模型

项目八 左、右半球装配体零件的加工

加工左、右半球装配体零件，制订装配体零件的加工工艺，合理选择加工刀具以及相关切削参数，掌握五轴加工程序编制中曲面驱动、外形轮廓驱动等加工方式的应用方法。

项目描述

左、右半球装配体零件为回转壳类零件，在左、右半球体零件装配后，主要针对左、右半球零件上尺寸为φ34mm 的圆柱凸台和长度为 22mm、外径 32mm 的外螺纹等配合特征进行加工。如果左、右半球体两个零件尺寸完全加工到位，则有可能导致最后装配时产生较大的误差甚至无法完成装配，因此，左、右半球体零件加工时在装配特征尺寸上需留有一定的加工余量和二次装夹余量。综合考虑零件精度要求和加工效率等因素，精加工将采用五轴定轴加工和联动加工两种方式相结合。右半球体零件图及毛坯零件图分别如图 8-1 和图 8-2 所示，整体装配图如图 8-3 和图 8-4 所示。左半球体零件图样（图 7-1）和加工过程参见项目七。

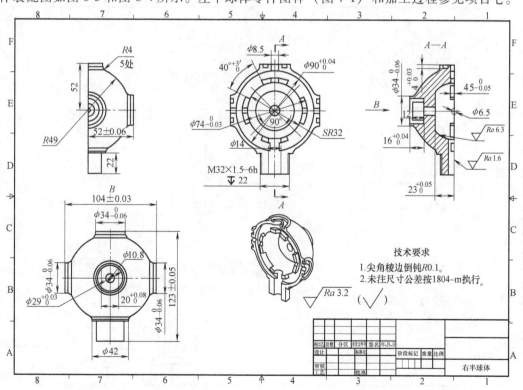

图 8-1　右半球体零件图

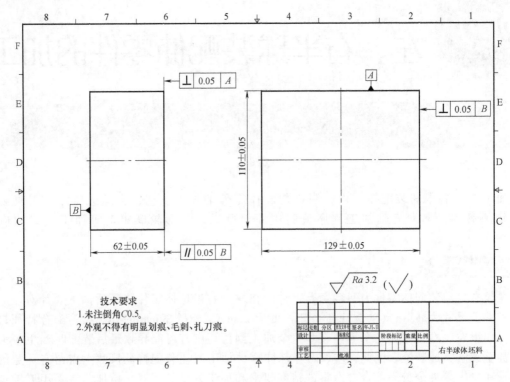

图 8-2 右半球体毛坯零件图

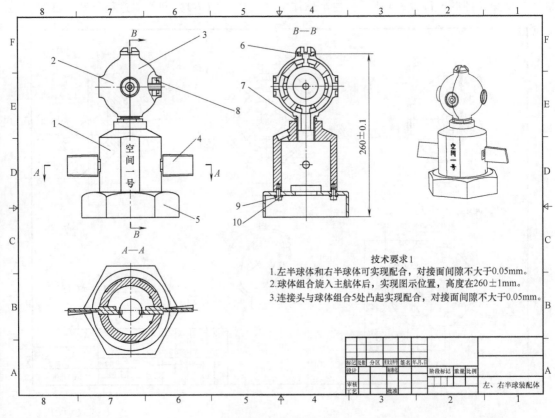

图 8-3 装配图 1

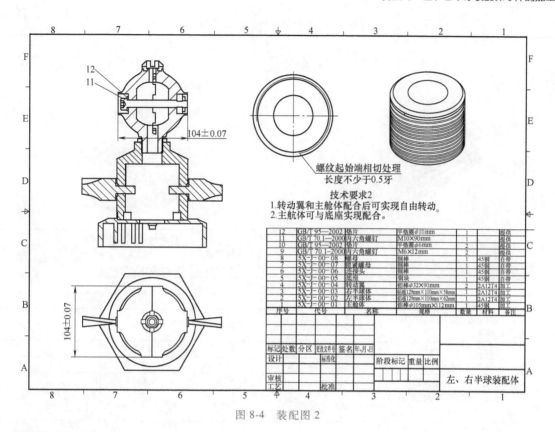

104±0.07

螺纹起始端相切处理
长度不少于0.5牙

技术要求2
1.转动翼和主舱体配合后可实现自由转动。
2.主航体可与底座实现配合。

12	GB/T 95—2002	垫片	平垫圈φ10mm	1		提供
11	GB/T 70.1—2000	内六角螺钉	M10×90mm	1		提供
10	GB/T 95—2002	垫片	平垫圈φ6mm	2		提供
9	GB/T 70.1—2000	内六角螺钉	M6×12mm	2		提供
8	5X-J-00-08	螺母	钢棒	1	45钢	自带
7	5X-J-00-07	锁紧螺母	钢棒	1	45钢	自带
6	5X-J-00-06	连接头	钢棒	1	45钢	自带
5	5X-J-00-05	底座	钢块	1	45钢	自带
4	5X-J-00-04	转动翼	铝板φ32×90mm	2	2A12T4	加工
3	5X-J-00-03	右半球体	铝板129mm×110mm×58mm	1	2A12T4	加工
2	5X-J-00-02	左半球体	铝板129mm×110mm×62mm	1	2A12T4	加工
1	5X-J-00-01	主舱体	铝棒φ105mm×112mm	1	45钢	加工
序号	代号	名称	规格	数量	材料	备注

标记	处数	分区	更改文件号	签名	年、月、日			
设计			标准化					
						阶段标记	重量	比例
审核								
工艺			批准				左、右半球装配体	

图 8-4　装配图 2

相关知识

一、分析左、右半球装配体零件加工工艺

1）分析左、右半球装配体零件结构：主要由左半球体和右半球体两大部分组成。

2）要求将左、右半球装配体零件外部的装配特征加工完毕。

二、确定左、右半球装配体零件加工方法

1）装夹方式：左、右半球装配体零件属于回转类零件，因此使用自定心卡盘进行定位装夹，以减少定位误差。

2）加工方法：采用定轴加工进行粗加工以提高加工效率，左、右半球装配体外形采用五轴联动加工进行精加工，以保证表面精度达到图样要求。

3）加工刀具：$\phi50mm$、$\phi12mm$、$\phi6mm$ 平底铣刀，$\phi8R4mm$ 球刀，$\phi10mm$ 倒角刀和 $\phi10.8mm$、$\phi6.5mm$ 钻头，$\phi21mm$ 外螺纹铣刀。

项目实施

一、制订左、右半球装配体零件加工工艺

根据零件图样综合分析零件加工技术要求，左、右半球体零件在原加工基础上预留了一定的尺寸余量，本次加工可将重要的装配螺纹一次性加工出来，以保证零件之间的装配精度。左、右半球体与主航体三个零件需要进行装配，而且有配合间隙尺寸精度要求，因此，正面加工装夹应完成左、右半球装配体 M32 外螺纹加工，反面加工装夹是在左、右半球体与主航体三个零件装配后完成后续特征的加工。制订出的装配体零件加工工艺见表 8-1。

表 8-1 装配体零件加工工艺表

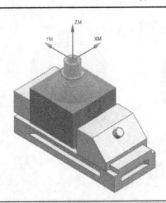 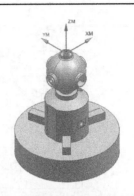

工序	工序内容	刀具	主轴转速 /(r/min)	进给率 /(mm/min)	切削深度/mm
正面加工装夹示意图			反面加工装夹示意图		
正面加工工序					
1	钻 φ14mm 底孔	φ10.8mm 钻头	1500	100	—
2	粗加工左、右半球装配体零件外形 1	φ50mm 平底铣刀	5000	5000	1
3	粗加工 φ16mm 内孔	φ12mm 平底铣刀	3500	2000	1
4	精加工 φ16mm 内孔	φ12mm 平底铣刀	6000	800	40
5	精加工 M32 外螺纹圆柱	φ12mm 平底铣刀	6000	800	23
6	加工 M32 外螺纹圆柱内倒角	φ10mm 倒角刀	6000	800	—
7	加工 M32 外螺纹圆柱外倒角	φ10mm 倒角刀	6000	800	—
8	精加工 M32 外螺纹	φ21mm 外螺纹铣刀	5000	2000	—
反面加工工序					
1	粗加工左、右半球装配体零件外形 2	φ50mm 平底铣刀	5000	5000	1
2	粗加工左、右半球装配体零件 φ34mm 凸台外形 1	φ12mm 平底铣刀	5000	5000	1
3	粗加工左、右半球装配体零件 φ34mm 凸台外形 2	φ12mm 平底铣刀	5000	5000	1
4	钻 φ10.8mm 内孔	φ10.8mm 钻头	1500	100	—
5	钻 φ6.5mm 内孔 1	φ6.5mm 钻头	1500	100	—
6	钻 φ6.5mm 内孔 2	φ6.5mm 钻头	1500	100	—
7	粗加工左、右半球装配体零件 φ29mm 凹槽 1	φ6mm 平底铣刀	5000	3500	1
8	粗加工左、右半球装配体零件 φ29mm 凹槽 2	φ6mm 平底铣刀	5000	3500	1
9	粗加工左、右半球装配体零件 φ29mm 凹槽 3	φ6mm 平底铣刀	5000	3500	1
10	精加工左、右半球装配体零件外形曲面	φ8R4mm 球刀	8000	4000	0.2
11	精加工左、右半球装配体零件 φ34mm 凸台内外轮廓 1	φ6mm 平底铣刀	6000	800	0.2
12	精加工左、右半球装配体零件 φ34mm 凸台内外轮廓 2	φ6mm 平底铣刀	6000	800	0.2
13	精加工左、右半球装配体零件 φ34mm 凸台内外轮廓 3	φ6mm 平底铣刀	6000	800	0.2

（续）

工序	工序内容	刀具	主轴转速 /（r/min）	进给率 /（mm/min）	切削深度/mm
正面加工装夹示意图			反面加工装夹示意图		
反面加工工序					
14	精加工左、右半球装配体零件 φ34mm 凸台内外轮廓 4	φ6mm 平底铣刀	6000	800	0.2
15	精加工左、右半球装配体零件 φ34mm 凸台内外轮廓 5	φ6mm 平底铣刀	6000	800	0.2
16	精加工左、右半球装配体零件 φ34mm 凸台内外轮廓 6	φ6mm 平底铣刀	6000	800	0.2
17	精加工左、右半球装配体零件 φ34mm 凸台内外轮廓 7	φ6mm 平底铣刀	6000	800	0.2
18	精加工左、右半球装配体零件 φ34mm 凸台内外倒角 1	φ10mm 倒角刀	6000	800	1
19	精加工左、右半球装配体零件 φ34mm 凸台内外倒角 2	φ10mm 倒角刀	6000	800	1
20	精加工左、右半球装配体零件 φ34mm 凸台内外倒角 3	φ10mm 倒角刀	6000	800	1
21	精加工左、右半球装配体零件 φ34mm 凸台内外倒角 4	φ10mm 倒角刀	6000	800	1
22	精加工左、右半球装配体零件 φ34mm 凸台内外倒角 5	φ10mm 倒角刀	6000	800	1
23	精加工左、右半球装配体零件 φ34mm 凸台内外倒角 6	φ10mm 倒角刀	6000	800	1

二、左、右半球装配体零件加工刀具路径的编制

（一）正面加工刀具路径的编制

1. 钻 φ14mm 底孔

1）选择"开始"→"所有程序"→"Siemens NX 10.0"→"NX 10.0"命令，进入软件 NX 10.0 初始界面，如图 8-5 所示。

E8-1　正面工序 1

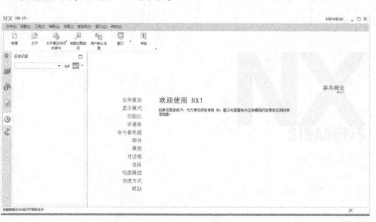

图 8-5　NX 10.0 初始界面

2）在标准工具条单击"打开"按钮 ，进入"打开"对话框，选择"example \ Chap08 \ NX10.0"路径下的"装配体 .prt"文件（见素材资源包），单击"OK"按钮打开文件，如图 8-6 所示。

8 PROJECT

3）在 NX10.0 基本环境下按<Ctrl+Alt+M>组合键，进入"加工环境"对话框，"要创建的 CAM 设置"选择"mill_contour"，单击"确定"按钮完成设置，如图 8-7 所示。

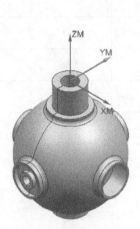

图 8-6 装配体模型　　　　　　　　　　　　　　　　　图 8-7 加工环境

4）在"工序导航器"空白位置单击右键，选择"几何视图"选项，将导航器切换至几何视图。对"MCS"节点单击右键，选择"重命名"选项，将"MCS"重命名为"A"，"WORKPIECE"重命名为"A1"，如图 8-8 所示。

5）在"工序导航器"界面双击节点 A 进入"MCS 铣削"对话框，如图 8-9 所示。

图 8-8 切换显示方式　　　　　　　　　　　　　　　　图 8-9 MCS 铣削

6）单击按钮 ，进入"CSYS"对话框，"类型"选择"自动判断"，选择正面装夹时模型顶部圆柱体顶面中心作为坐标系放置位置；再将"类型"选项设置为"动态"，旋转调整坐标系，单击"确定"按钮完成加工坐标系设置，如图 8-10 所示。

7）双击工序导航器中"A"节点下的"A1"节点，进入"工件"对话框。"指定部件"选择左、右半球实体零件；单击"指定毛坯"按钮，进入"毛坯几何体"对话框，"类型"

a)

b)

图 8-10 设置加工坐标系

选择"包容块",如图 8-11 所示。

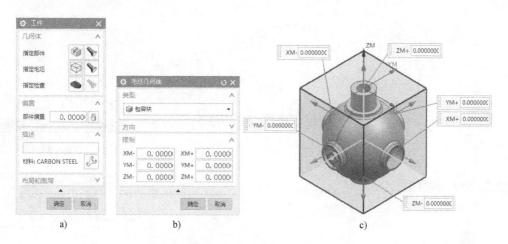

a)   b)   c)

图 8-11 指定部件和毛坯

8)"工序导航器"切换至机床视图。在插入工具条单击"创建刀具"按钮 ![icon]，进入"创建刀具"对话框。"类型"选择"mill_ planar"，"刀具子类型"选择第一个小图标（MILL），"名称"为"D50"，单击"确定"按钮，进入"铣刀-5 参数"对话框，设置刀具"直径"为"50"，单击"确定"按钮退出对话框，如图 8-12 所示。

9)参考上一步操作分别创建加工刀具 $\phi 12mm$、$\phi 6mm$ 平底铣刀。

10)在插入工具条单击"创建刀具"按钮 ![icon]，进入"创建刀具"对话框。"类型"选择"mill_ contour"，"刀具子类型"选择第三个小图标（BALL_ MILL），"名称"为"R4"，单击"确定"按钮，进入"铣刀-球头铣"对话框，设置刀具"球直径"为"8"，单击"确定"按钮退出对话框，如图 8-13 所示。

11)在插入工具条单击"创建刀具"按钮 ![icon]，进入"创建刀具"对话框。"类型"选择"drill"，"刀具子类型"选择第九个小图标（THREAD_ MILL），"名称"为"LW"，单击"确定"按钮，进入"螺纹铣刀"对话框，设置刀具"直径"为"21"，单击"确定"按钮退出对话框，如图 8-14 所示。

8

PROJECT

213

12）在插入工具条单击"创建刀具"按钮 ，进入"创建刀具"对话框。"类型"设置为"drill"，"刀具子类型"选择第三个小图标（DRILLING_ TOOL），"名称"为"ZT10.8"，单击"确定"按钮，进入"钻刀"对话框，设置刀具"直径"为"10.8"，单击"确定"按钮退出对话框，如图 8-15 所示。

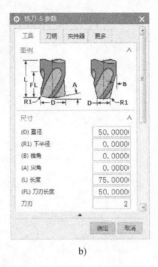

a)　　　　　　　b)

图 8-12　创建刀具 D50

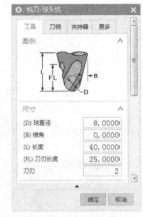

图 8-13　创建刀具 R4

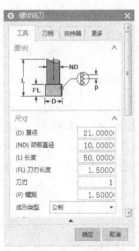

图 8-14　创建刀具 LW

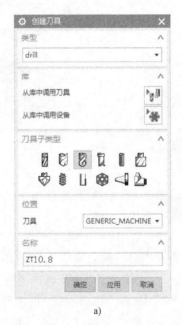
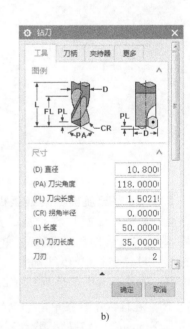

a)　　　　　　　b)

图 8-15　创建刀具 ZT10.8

13）参考上一步操作创建加工刀具 φ6.5mm 钻头。

14）在插入工具条单击"创建刀具"按钮 ，进入"创建刀具"对话框。"类型"设置为"drill"，"刀具子类型"选择第七个小图标（COUNTERSINKING_ TOOL），"名称"为"DJ10×45"，单击"确定"按钮，进入"铣刀-5参数"对话框，设置刀具"直径"为"10"，单击"确定"按钮退出对话框，如图 8-16 所示。

PROJECT 8

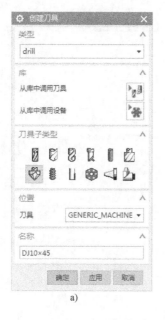

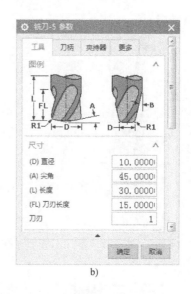

a) b)

图 8-16 创建刀具 DJ10×45

15）"工序导航器"切换至加工方法视图。在插入工具条单击"创建方法"按钮![icon]，进入"新建方法"对话框，"方法"设置为"MILL_ ROUGH"，"名称"设置为"C"，单击"确定"按钮进入"铣削方法"对话框，设置相关余量和公差参数，单击"确定"按钮退出对话框，如图 8-17 所示。

16）在插入工具条单击"创建方法"按钮![icon]，进入"新建方法"对话框，"方法"设置为"MILL_ FINISH"，"名称"为"J"，单击"确定"按钮进入"铣削方法"对话框，设置相关余量和公差参数，单击"确定"按钮退出对话框，如图 8-18 所示。

a) b)

图 8-17 铣削方法

17）"工序导航器"切换至几何视图。在插入工具条单击"创建工序"按钮![icon]，进入"创建工序"对话框。"类型"选择"drill"，"工序子类型"选择"断屑钻"图标![icon]，"刀具"选择"ZT10.8"，"几何体"选择"A1"，"方法"选择"METHOD"，单击"确定"按钮进入"钻孔"对话框。

18）在"钻孔"对话框单击"指定孔"按钮![icon]，进入"点到点几何体"对话框，单击"选择"按钮，选择圆柱体顶面孔的边界，如图 8-19 所示。

E8-2 正面
工序 1~3

a)

b)

图 8-18 设置精加工公差参数

a)   b)

图 8-19 指定孔

19) 在"钻孔"对话框单击"生成"按钮 ，生成刀具路径，如图 8-20 所示。

2. 粗加工左、右半球装配体零件外形 1

1) 在插入工具条单击"创建工序"按钮 ，进入"创建工序"对话框。"类型"选择"mill_ contour"，"工序子类型"选择"型腔铣"图标 ，"刀具"选择"D50"，"几何体"选择"A1"，"方法"选择"C"，如图 8-21 所示。

2) 单击"确定"按钮进入"型腔铣"对话框，参数设置如图 8-22 所示。

3) 在"型腔铣"对话框单击"切削层"按钮 ，进入"切削层"对话框，"范围深度"

设置为"54"，"每刀切削深度"设置为"1"，单击"确定"按钮退出对话框，如图 8-23 所示。

图 8-20 生成刀具路径

图 8-21 创建工序

图 8-22 型腔铣

a)

b)

图 8-23 切削层

4）在"型腔铣"对话框单击"切削参数"按钮，进入"切削参数"对话框，"余量"选项卡内，勾选"使底面余量与侧面余量一致"复选框，"部件侧面余量"设置为"0.2"，单击"确定"按钮退出对话框，如图 8-24 所示。

5）在"型腔铣"对话框单击"非切削移动"按钮，进入"非切削移动"对话框，"进刀"选项卡参数设置如图 8-25 所示。

6) 在"型腔铣"对话框单击"生成"按钮 ，生成刀具路径，如图 8-26 所示。

图 8-24　切削参数

图 8-25　非切削移动

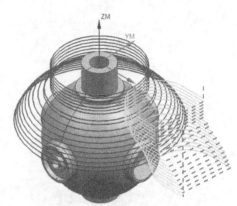

图 8-26　生成刀具路径

3. 粗加工 φ16mm 内孔

1) 在插入工具条单击"创建工序"按钮 ，进入"创建工序"对话框。"类型"选择"mill_planar"，"工序子类型"选择"平面铣"图标 ，"刀具"选择"D12C"，"几何体"选择"A1"，"方法"选择"C"。

2) 单击"确定"按钮进入"平面铣"对话框，在"平面铣"对话框单击"指定部件边界"按钮 ，进入"边界几何体"对话框。"模成"设置为"曲线/边"，进入"创建边界"对话框，"刀具位置"设置为"相切"，"材料侧"设置为"外部"，选择圆柱体顶面孔的边界作为部件边界，单击"确定"按钮退出"创建边界"对话框。在"平面铣"对话框单击"指定底面"按钮 ，进入"刨"对话框，"类型"设置为"自动判断"，选择圆柱体的顶面，"距离"设置为"-45mm"，单击"确定"按钮返回"平面铣"对话框，如图 8-27 所示。

3) 在"平面铣"对话框单击"切削参数"按钮 ，进入"切削参数"对话框，"余量"选项卡切削参数设置如图 8-28 所示。

4) 在"平面铣"对话框单击"非切削移动"按钮 ，进入"非切削移动"对话框，"进刀"选项卡参数设置如图 8-29 所示。

5) 在"平面铣"对话框单击"生成"按钮 ，生成刀具路径，如图 8-30 所示。

4. 精加工 φ16mm 内孔

1) 在"工序导航器"通过右键复制粘贴上一步工序创建的平面铣刀具路径，双击平面铣刀具路径，进入"平面铣"对话框。在"平面铣"对话框内，"方法"设置为"J"。

2) 在"平面铣"对话框单击"切削层"按钮 ，进入"切削层"对话框，参数设置如图 8-31 所示。

E8-3　正面工序 4~8

3) 在"平面铣"对话框单击"切削参数"按钮 ，进入"切削参数"对话框，"余量"选项卡切削参数设置如图 8-32 所示。

4) 在"平面铣"对话框单击"非切削移动"按钮 ，进入"非切削移动"对话框，"进刀"选项卡中"进刀点"选择圆柱体顶面中心，如图 8-33 所示。

a)

b)

图 8-27　指定部件边界和底面

图 8-28　切削参数

图 8-29　非切削移动

图 8-30　生成刀具路径

　　5）在"平面铣"对话框单击"生成"按钮 ，生成刀具路径，单击右键设置模型线框显示，如图 8-34 所示。

图 8-31　切削层

图 8-32　切削参数

a)

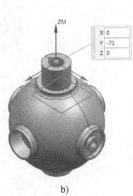

b)

图 8-33　非切削移动

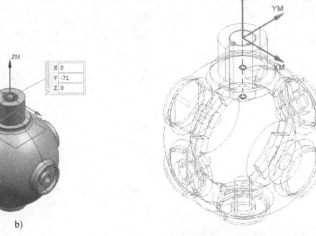

图 8-34　生成刀具路径

5. 精加工 M32 外螺纹圆柱

1）在插入工具条单击创建工序按钮 ，进入"创建工序"对话框。"类型"选择"mill_contour"，"工序子类型"选择"实体轮廓 3D"图标 ，"刀具"选择"D12C"，"几何体"选择"A1"，"方法"选择"J"，单击"确定"按钮进入"实体轮廓 3D"对话框。

2）在"实体轮廓 3D"对话框单击"指定壁"按钮 ，进入"壁几何体"对话框，选择 M32 外螺纹圆柱侧壁，单击"确定"按钮完成参数设置，如图 8-35 所示。

3）在"实体轮廓 3D"对话框单击"切削参数"按钮 ，进入"切削参数"对话框，"多刀路"和"余量"选项卡切削，参数设置如图 8-36 所示。

4）在"实体轮廓 3D"对话框单击"非切削移动"按钮 ，进入"非切削移动"对话框，参数设置如图 8-37 所示。

5）在"实体轮廓 3D"对话框单击"生成"按钮 ，生成刀具路径，如图 8-38 所示。

6. 加工 M32 外螺纹圆柱内倒角

1）在插入工具条单击"创建工序"按钮 ，进入"创建工序"对话框。"类型"选择

a)

b)

图 8-35　实体轮廓 3D

a)

b)

图 8-36　切削参数

图 8-37　非切削移动

图 8-38　生成刀具路径

"mill_planar"，"工序子类型"选择"平面铣"图标 ，"刀具"选择"D10×45"，"几何体"选择"A1"，"方法"选择"J"，单击"确定"按钮进入"平面铣"对话框。

2）在"平面铣"对话框单击"指定部件边界"按钮，进入"边界几何体"对话框，"模式"选择"曲线/边"，进入"创建边界"对话框，选择螺纹圆柱内孔轮廓作为边界。在"创建边界"对话框内，"材料侧"选择"外部"，单击"确定"按钮退出"创建边界"对话框。在"平面铣"对话框单击"指定底面"按钮，选择外螺纹圆柱顶平面作为加工底面，如图 8-39 所示。

a)

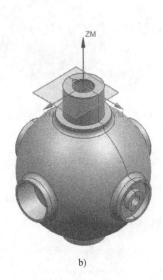

b)

图 8-39　指定部件边界和底面

3）在"平面铣"对话框单击"切削参数"按钮，进入"切削参数"对话框，"余量"选项卡切削参数设置如图 8-40 所示。

4）在"平面铣"对话框单击"非切削移动"按钮，进入"非切削移动"对话框，"进刀点"选择圆柱顶面中心，如图 8-41 所示。

5）在"平面铣"对话框单击"生成"按钮，生成刀具路径，如图 8-42 所示。

7. 加工 M32 外螺纹圆柱外倒角

1）在"工序导航器"通过右键复制粘贴上一步工序创建的平面铣刀具路径，双击平面铣刀具路径，进入"平面铣"对话框。

2）在"平面铣"对话框单击"指定部件边界"按钮，进入"编辑边界"对话框，通过"全部重选"，选择螺纹圆柱外轮廓作为边界。在"创建边界"对话框内，"材料侧"选择"内部"，单击"确定"按钮退出"创建边界"对话框。在"平面铣"对话框单击"指定底面"按钮，选择外螺纹圆柱顶平面作为加工底面，如图 8-43 所示。

PROJECT 8

图 8-40 切削参数

a)

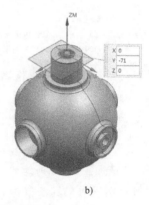

b)

图 8-41 非切削移动

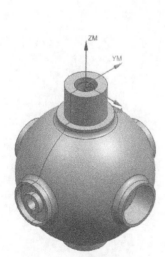

图 8-42 生成刀具路径

a)

b)

图 8-43 指定部件边界和底面

3）在"平面铣"对话框单击"非切削移动"按钮，进入"非切削移动"对话框，参数设置如图 8-44 所示。

4）在"平面铣"对话框单击"生成"按钮，生成刀具路径，如图 8-45 所示。

图 8-44　非切削移动

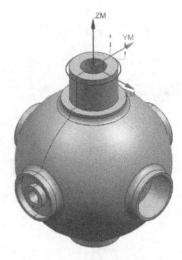

图 8-45　生成刀具路径

8. 精加工 M32 外螺纹

1）在插入工具条单击"创建工序"按钮 ，进入"创建工序"对话框"类型"选择"hole_making"，"工序子类型"选择"Boss_Thread_Milling"图标 ，"刀具"选择"LW"，"几何体"选择"A1"，"方法"选择"METHOD"，单击"确定"按钮进入"凸台螺纹铣"对话框。

2）在"凸台螺纹铣"对话框单击"指定特征几何体"按钮 ，进入"特征几何体"对话框，选择螺纹圆柱外轮廓面作为特征几何体；"运动输出类型"设置为"直线"，如图 8-46所示。

a)　　　　　　　　　　b)　　　　　　　　　　c)

图 8-46　指定特征几何体

3）在"凸台螺纹铣"对话框单击"切削参数"按钮，进入"切削参数"对话框，"余量"选项卡切削参数设置如图8-47所示。

4）在"凸台螺纹铣"对话框单击"非切削移动"按钮，进入"非切削移动"对话框，"进刀"选项卡中"最小安全距离"设置为"0.5"，如图8-48所示。

5）在"凸台螺纹铣"对话框单击"生成"按钮，生成刀具路径，如图8-49所示。

图 8-47　切削参数　　　　　图 8-48　非切削移动　　　　　图 8-49　生成刀具路径

（二）反面加工刀具路径的编制

1. 粗加工左、右半球装配体零件外形2

1）在插入工具条单击"创建几何体"按钮，进入"创建几何体"对话框。"几何体"设置为"GEOMETRY"，"名称"设置为"B"，"几何体子类型"选择第一个小图标，单击"确定"按钮进入"MCS"对话框，如图8-50所示。

E8-4　反面工序 1~2

a)　　　　　　　　　　　　　　b)

图 8-50　创建几何体

2）在"MCS"对话框单击"CSYS"按钮，进入"CSYS"对话框，"类型"设置为

"动态"，将加工坐标系放置在反面装夹时模型顶部圆柱顶面中心，单击"确定"按钮完成零件反面加工坐标系设置，如图 8-51 所示。

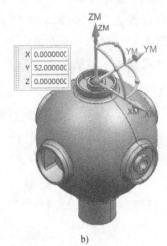

a)   b)

图 8-51　设置加工坐标系

3）在插入工具条单击"创建几何体"按钮 ，进入"创建几何体"对话框。"几何体"设置为"B"，"名称"设置为"B1"，"几何体子类型"选择第二个小图标 ，单击"确定"按钮进入"工件"对话框。"指定部件"选择左、右半球实体零件；单击"指定毛坯"按钮，进入"毛坯几何体"对话框，"类型"选择"包容块"，如图 8-52 所示。

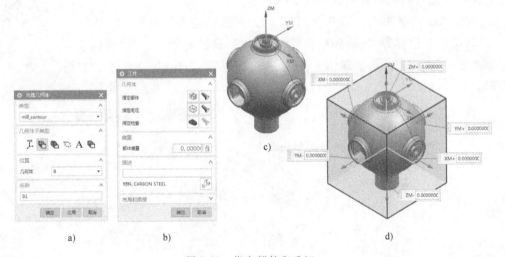

a)   b)   c)   d)

图 8-52　指定部件和毛坯

4）在插入工具条单击"创建工序"按钮 ，进入"创建工序"对话框。"类型"选择"mill_contour"，"工序子类型"选择"型腔铣"图标 ，"刀具"选择"D50"，"几何体"选择"B1"，"方法"选择"C"。

5）单击"确定"按钮进入"型腔铣"对话框。在"型腔铣"对话框单击"切削层"按钮 ，进入"切削层"对话框，参数设置如图 8-53 所示。

6）在"型腔铣"对话框单击"切削参数"按钮 ，进入"切削参数"对话框，"余量"

a)　　　　　b)　　　　　c)

图 8-53　型腔铣切削层

选项卡切削参数设置如图 8-54 所示。

7）在"型腔铣"对话框单击"非切削移动"按钮，进入"非切削移动"对话框，"进刀"选项卡参数设置如图 8-55 所示。

8）在"型腔铣"对话框单击"生成"按钮，生成刀具路径，如图 8-56 所示。

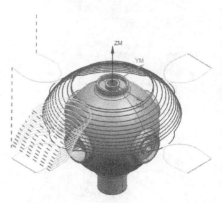

图 8-54　切削参数　　　　图 8-55　非切削移动　　　　图 8-56　生成刀具路径

2. 粗加工左、右半球装配体零件 φ34mm 凸台外形 1

1）在插入工具条单击"创建工序"按钮 ，进入"创建工序"对话框。"类型"选择"mill_contour"，"工序子类型"选择"深度轮廓加工"图标 ，"刀具"选择"D12C"，"几何体"选择"B1"，"方法"选择"C"。

2）单击"确定"按钮进入"深度轮廓加工"对话框。"刀轴"设置为"指定矢量"，单击"指定矢量"按钮 ，设置为"+X"方向，如图 8-57 所示。

3）在"深度轮廓加工"对话框单击"切削层"按钮 ，进入"切削层"对话框，参数设置如图 8-58 所示。

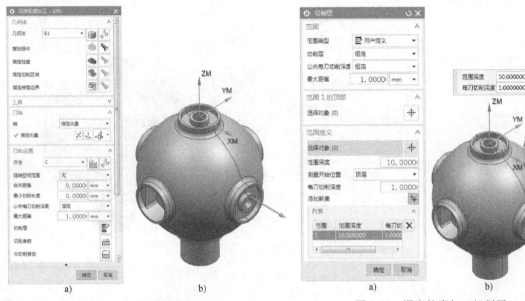

图 8-57　深度轮廓加工　　　　　　　　　图 8-58　深度轮廓加工切削层

4）在"深度轮廓加工"对话框单击"切削参数"按钮 ，进入"切削参数"对话框，"余量"选项卡切削参数设置如图 8-59 所示。

5）在"深度轮廓加工"对话框单击"非切削移动"按钮 ，进入"非切削移动"对话框，"进刀"选项卡参数设置如图 8-60 所示。

6）在"深度轮廓加工"对话框单击"生成"按钮 ，生成刀具路径，如图 8-61 所示。

图 8-59　切削参数　　　　　　　图 8-60　非切削移动　　　　　　图 8-61　生成刀具路径

3. 粗加工左、右半球装配体零件 φ34mm 凸台外形 2

1）在"工序导航器"通过右键复制粘贴上一步工序创建的深度轮廓加工刀具路径，双击深度轮廓加工刀具路径，进入"深度轮廓加工"对话框。

2）"深度轮廓加工"对话框中"刀轴"设置为"指定矢量"，单击"指定矢量"按钮 ，设置为"-X"方向，如图 8-62 所示。

E8-5　反面工序 3~9

3）在"深度轮廓加工"对话框单击"切削层"按钮 ，进入"切削层"对话框，参数设置如图 8-63 所示。

a)

b)

图 8-62　深度轮廓加工

a)

b)

图 8-63　深度轮廓加工切削层

4）在"深度轮廓加工"对话框单击"生成"按钮 ，生成刀具路径，如图 8-64 所示。

4. 钻 φ10.8mm 内孔

1）在插入工具条单击"创建工序"按钮 ，进入"创建工序"对话框。"类型"选择"drill"，"工序子类型"选择"断屑钻"图标 ，"刀具"选择"ZT10.8"，"几何体"选择"B1"，"方法"选择"METHOD"，单击"确定"按钮进入"断屑钻"对话框。

2）在"断屑钻"对话框单击"指定孔"按钮 ，进入"点到点几何体"对话框，单击"选择"按钮，选择圆柱体顶面孔边界，如图 8-65 所示。

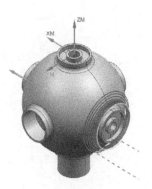

图 8-64　生成刀具路径

3）在"断屑钻"对话框单击"生成"按钮 ，生成刀具路径，如图 8-66 所示。

5. 钻 φ6.5mm 内孔 1

1）在插入工具条单击"创建工序"按钮 ，进入"创建工序"对话框。"类型"选择"drill"，"工序子类型"选择"断屑钻"图标 ，"刀具"选择"ZT6.5"，"几何体"选择

8 PROJECT

多轴加工技术

图 8-65　断屑钻指定孔

图 8-66　生成刀具路径

"B1"，"方法"选择"METHOD"，单击"确定"按钮进入"断屑钻"对话框。

2）在"断屑钻"对话框单击"指定孔"按钮，进入"点到点几何体"对话框，单击"选择"按钮，选择-X方向侧向圆柱体顶面孔边界。单击"确定"按钮返回"断屑钻"对话框，"刀轴"设置为"垂直于部件表面"，如图 8-67 所示。

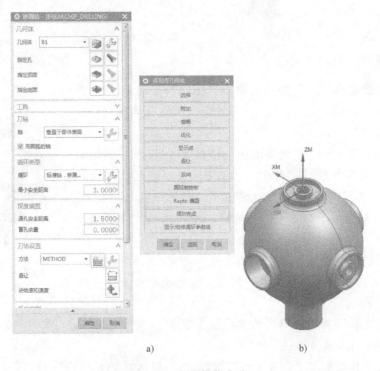

图 8-67　断屑钻指定孔

230

3）在"断屑钻"对话框单击"生成"按钮 ⯈，生成刀具路径，如图8-68所示。

6. 钻φ6.5mm内孔2

1）在"工序导航器"通过右键复制粘贴上一步工序创建的断屑钻刀具路径，双击断屑钻刀具路径，进入"断屑钻"对话框。

2）在"断屑钻"对话框单击"指定孔"按钮 ⬦，进入"点到点几何体"对话框，单击"选择"按钮，选择X方向侧向圆柱体顶面孔边界。单击"确定"按钮返回"断屑钻"对话框，"刀轴"设置为"垂直于部件表面"，如图8-69所示。

a)

b)

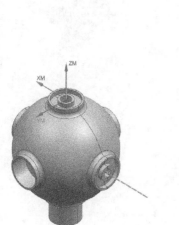

图8-68 生成刀具路径

图8-69 断屑钻指定孔

3）在"断屑钻"对话框单击"生成"按钮 ⯈，生成刀具路径，如图8-70所示。

7. 粗加工左、右半球装配体零件φ29mm凹槽1

1）在插入工具条单击"创建工序"按钮 ⯈，进入"创建工序"对话框，"类型"选择"mill_contour"，"工序子类型"选择"型腔铣"图标 ⯈，"刀具"选择"D6"，"几何体"选择"B1"，"方法"选择"C"，单击"确定"按钮进入"型腔铣"对话框。

2）在"型腔铣"对话框单击"指定修剪边界"按钮 ⊠，进入"修剪边界"对话框，选择+Z方向φ29mm圆柱顶面内轮廓作为边界。"修剪边界"对话框"修剪侧"选择"外部"，如图8-71所示。

3）在"型腔铣"对话框单击"切削层"按钮 ⯈，进入"切削层"对话框，"范围深度"设置为"4.0375"，"最大距离"设置为"1mm"，单击"确定"按钮退出对话框，如图8-72所示。

4）在"型腔铣"对话框单击"切削参数"按钮 ⯈，进入"切削参数"对话框，"余量"选项卡内，勾选"使底面余量与侧面余量一致"复选框，"部件侧面余量"设置为"0.2"，

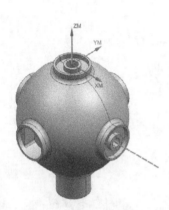

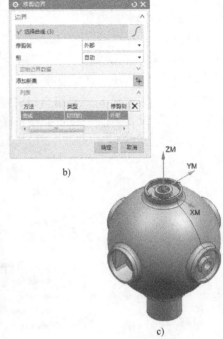

图 8-70　生成刀具路径　　　　　　　　　　　　　图 8-71　修剪边界

单击"确定"按钮退出对话框，如图 8-73 所示。

图 8-72　切削层　　　　　　　　　　　　　　　图 8-73　切削参数

5）在"型腔铣"对话框单击"非切削移动"按钮 🔲，进入"非切削移动"对话框，"进刀"选项卡参数设置如图 8-74 所示。

6）在"型腔铣"对话框单击"生成"按钮 ⯈，生成刀具路径，如图 8-75 所示。

图 8-74　非切削移动

图 8-75　生成刀具路径

8. 粗加工左、右半球装配体零件 φ29mm 凹槽 2

1）在"工序导航器"通过右键复制粘贴上一步工序创建的型腔铣刀具路径，双击型腔铣刀具路径，进入"型腔铣"对话框。

2）在"型腔铣"对话框单击"指定修剪边界"按钮 ⊠，进入"修剪边界"对话框，选择−X 方向 φ29mm 圆柱顶面内轮廓作为边界，"修剪边界"对话框"修剪侧"选择"外部"，单击"确定"按钮退出"修剪边界"对话框。"型腔铣"对话框"刀轴"设置为"指定矢量"，单击"指定矢量"按钮 ↓，设置为"−X"方向，如图 8-76 所示。

3）在"型腔铣"对话框单击"切削层"按钮 ≣，进入"切削层"对话框，"范围深度"设置为"4.0375"，"最大距离"设置为"1mm"，单击"确定"按钮退出对话框，如图 8-77 所示。

a)　　　　　　b)

图 8-76　型腔铣

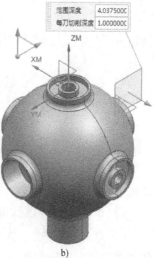

a)　　　　　　b)

图 8-77　切削层

4）在"型腔铣"对话框单击"生成"按钮 ![生成], 生成刀具路径, 如图 8-78 所示。

9. 粗加工左、右半球装配体零件 φ29mm 凹槽 3

1）在"工序导航器"通过右键复制粘贴上一步工序创建的型腔铣刀具路径, 双击型腔铣刀具路径, 进入"型腔铣"对话框。

2）在"型腔铣"对话框单击"指定修剪边界"按钮 ![图标], 进入"修剪边界"对话框, 选择+X 方向 φ29mm 圆柱顶面内轮廓作为边界。"修剪边界"对话框"修剪侧"选择"外部", 单击"确定"按钮退出"修剪边界"对话框。"型腔铣"对话框"刀轴"设置为"指定矢量", 单击"指定矢量"按钮 ![图标], 设置为"X"方向, 如图 8-79 所示。

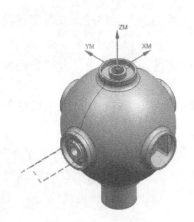

图 8-78 生成刀具路径 图 8-79 型腔铣

3）在"型腔铣"对话框单击"切削层"按钮 ![图标], 进入"切削层"对话框, "范围深度"设置为"4.0375", "最大距离"设置为"1mm", 单击"确定"按钮退出对话框, 如图 8-80 所示。

4）在"型腔铣"对话框单击"生成"按钮 ![生成], 生成刀具路径, 如图 8-81 所示。

10. 精加工左、右半球装配体零件外形曲面

1）在插入工具条单击"创建工序"按钮 ![图标], 进入"创建工序"对话框, "类型"选择"mill_multi-axis", "工序子类型"选择"可变轮廓铣"图标 ![图标], "刀具"选择"R4", "几何体"选择"B", "方法"选择"J", 单击"确定"按钮进入"可变轮廓铣"对话框。

E8-6 反面工序 10～11

2）按<Ctrl+W>组合键设置辅助曲面显示。在"可变轮廓铣"对话框单击"指定部件"按钮 ![图标], 进入"部件几何体"对话框, 框选左、右半球体零件曲面以及五个填补凹槽的圆形面作为部件, 部件曲面总数为"7", 单击"确定"按钮完成部件几何体选取, 如图 8-82 所示。

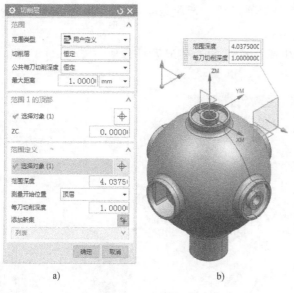

图 8-80　切削层

图 8-81　生成刀具路径

3）在"可变轮廓铣"对话框单击"驱动方法"编辑按钮 ，进入"曲面区域驱动方法"对话框，单击"指定驱动几何体"按钮 ，选择外围圆形曲面作为驱动几何体，设置驱动参数后单击"确定"按钮，如图 8-83 所示。

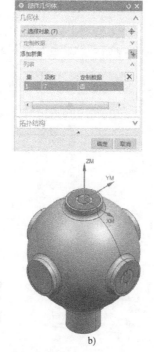

图 8-82　部件几何体

图 8-83　设置驱动方法

4）在"可变轮廓铣"对话框单击"切削参数"按钮 ，进入"切削参数"对话框，"余量"选项卡切削参数设置如图 8-84 所示。

5）在"可变轮廓铣"对话框单击"非切削移动"按钮 ，进入"非切削移动"对话框，"进刀"选项卡参数设置如图 8-85 所示。

6）在"可变轮廓铣"对话框单击"生成"按钮 ，生成刀具路径，按<Ctrl+W>组合键设置辅助曲面隐藏，如图 8-86 所示。

图 8-84　切削参数

图 8-85　非切削移动

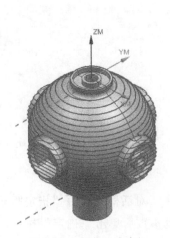

图 8-86　生成刀具路径

11. 精加工左、右半球装配体零件 φ34mm 凸台内外轮廓 1

1）在插入工具条单击"创建工序"按钮 ，进入"创建工序"对话框。"类型"选择"mill_contour""工序子类型"选择"实体轮廓 3D"图标 ，"刀具"选择"D6"，"几何体"选择"B1"，"方法"选择"J"，单击"确定"按钮进入"实体轮廓 3D"对话框。

2）在"实体轮廓 3D"对话框单击"指定壁"按钮 ，进入"壁几何体"对话框，选择+Z 方向圆柱凸台的六个侧壁，单击"确定"按钮完成参数设置，如图 8-87 所示。

3）在"实体轮廓 3D"对话框单击"切削参数"按钮 ，进入"切削参数"对话框，"多刀路"和"余量"选项卡切削，参数设置如图 8-88 所示。

4）在"实体轮廓 3D"对话框单击"非切削移动"按钮 ，进入"非切削移动"对话框，参数设置如图 8-89 所示。

5）在"实体轮廓 3D"对话框单击

a)

b)

图 8-87　实体轮廓 3D

"生成"按钮 ，生成刀具路径，如图 8-90 所示。

图 8-88 切削参数　　　　图 8-89 非切削移动　　　　图 8-90 生成刀具路径

12. 精加工左、右半球装配体 φ34mm 凸台内外轮廓 2

1）在"工序导航器"通过右键复制粘贴上一步工序创建的实体轮廓 3D 刀具路径，双击实体轮廓 3D 刀具路径，进入"实体轮廓 3D"对话框。

2）在"实体轮廓 3D"对话框单击"指定壁"按钮 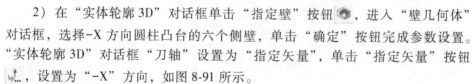，进入"壁几何体"对话框，选择-X 方向圆柱凸台的六个侧壁，单击"确定"按钮完成参数设置。"实体轮廓 3D"对话框"刀轴"设置为"指定矢量"，单击"指定矢量"按钮 ⬚，设置为"-X"方向，如图 8-91 所示。

E8-7 反面工序 12~23 及后处理

3）在"实体轮廓 3D"对话框单击"生成"按钮 ⬚，生成刀具路径，如图 8-92 所示。

13. 精加工左、右半球装配体 φ34mm 凸台内外轮廓 3

1）在"工序导航器"通过右键复制粘贴上一步工序创建的实体轮廓 3D 刀具路径，双击实体轮廓 3D 刀具路径，进入"实体轮廓 3D"对话框。

2）在"实体轮廓 3D"对话框单击"指定壁"按钮 ⬚，进入"壁几何体"对话框，选择-X方向圆柱凸台的两个侧壁，单击"确定"按钮完成参数设置。"实体轮廓 3D"对话框"刀轴"设置为"指定矢量"，单击"指定矢量"按钮 ⬚，设置为"-X"方向，如图 8-93 所示。

3）在"实体轮廓 3D"对话框单击"生成"按钮 ⬚，生成刀具路径，如图 8-94 所示。

14. 精加工左、右半球装配体 φ34mm 凸台内外轮廓 4

1）在"工序导航器"通过右键复制粘贴上一步工序创建的实体轮廓 3D 刀具路径，双击实体轮廓 3D 刀具路径，进入"实体轮廓 3D"对话框。

2）在"实体轮廓 3D"对话框单击"指定壁"按钮 ⬚，进入"壁几何体"对话框，选择

a)

图 8-91 实体轮廓 3D

图 8-92 生成刀具路径

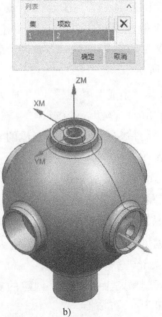

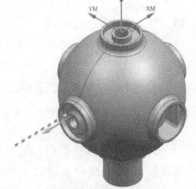

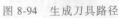

a)

b)

图 8-93 实体轮廓 3D

图 8-94 生成刀具路径

8 PROJECT

-Y 方向 ϕ34mm 圆柱凸台外表面，单击"确定"按钮完成参数设置。"实体轮廓 3D"对话框"刀轴"设置为"指定矢量"，单击"指定矢量"按钮 ，设置为"-Y"方向，如图 8-95 所示。

3）在"实体轮廓 3D"对话框单击"生成"按钮 ，生成刀具路径，如图 8-96 所示。

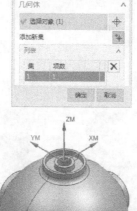

a)　　　　　　b)

图 8-95　实体轮廓 3D

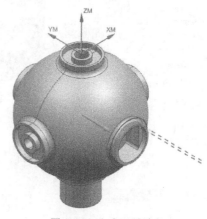

图 8-96　生成刀具路径

15. 精加工左、右半球装配体 ϕ34mm 凸台内外轮廓 5

1）在"工序导航器"通过右键复制粘贴上一步工序创建的实体轮廓 3D 刀具路径，双击实体轮廓 3D 刀具路径，进入"实体轮廓 3D"对话框。

2）在"实体轮廓 3D"对话框单击"指定壁"按钮 ，进入"壁几何体"对话框，选择+Y 方向 ϕ34mm 圆柱凸台外表面，单击"确定"按钮完成参数设置。"实体轮廓 3D"对话框"刀轴"设置为"指定矢量"，单击"指定矢量"按钮 ，设置为"Y"方向，如图 8-97 所示。

3）在"实体轮廓 3D"对话框单击"生成"按钮 ，生成刀具路径，如图 8-98 所示。

16. 精加工左、右半球装配体零件 ϕ34mm 凸台内外轮廓 6

1）在"工序导航器"通过右键复制粘贴上一步工序创建的实体轮廓 3D 刀具路径，双击实体轮廓 3D 刀具路径，进入"实体轮廓 3D"对话框。

2）在"实体轮廓 3D"对话框单击"指定壁"按钮 ，进入"壁几何体"对话框，选择+X 方向圆柱凸台的六个侧壁，单击"确定"按钮完成参数设置。"实体轮廓 3D"对话框"刀轴"设置为"指定矢量"，单击"指定矢量"按钮 ，设置为"X"方向，如图 8-99 所示。

3）在"实体轮廓 3D"对话框单击"生成"按钮 ，生成刀具路径，如图 8-100 所示。

17. 精加工左、右半球装配体零件 ϕ34mm 凸台内外轮廓 7

1）在"工序导航器"通过右键复制粘贴上一步工序创建的实体轮廓 3D 刀具路径，双击实体轮廓 3D 刀具路径，进入"实体轮廓 3D"对话框。

a)

b)

图 8-97 实体轮廓 3D

图 8-98 生成刀具路径

a)

b)

图 8-99 实体轮廓 3D

图 8-100 生成刀具路径

2）在"实体轮廓 3D"对话框单击"指定壁"按钮 ，进入"壁几何体"对话框，选择 +X方向圆柱凸台的两个侧壁，单击"确定"按钮完成参数设置。"实体轮廓 3D"对话框"刀轴"设置为"指定矢量"，单击"指定矢量"按钮 ，设置为"X"方向，如图 8-101 所示。

3）在"实体轮廓 3D"对话框单击"生成"按钮 ，生成刀具路径，如图 8-102 所示。

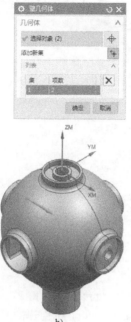

图 8-101　实体轮廓 3D

图 8-102　生成刀具路径

18. 精加工左、右半球装配体零件 φ34mm 凸台内外倒角 1

1）在插入工具条单击"创建工序"按钮 ，进入"创建工序"对话框。"类型"选择"mill_planar"，"工序子类型"选择"平面铣"图标 ，"刀具"选择"DJ10×45"，"几何体"选择"B1"，"方法"选择"J"。

2）单击"确定"按钮进入"平面铣"对话框，在"平面铣"对话框单击"指定部件边界"按钮 ，进入"边界几何体"对话框。"模式"设置为"曲线/边"，进入"创建边界"对话框，"刀具位置"设置为"相切"；分别选择顶面四个内、外轮廓作为边界，其中两个内轮廓对应"材料侧"设置为"外部"，两个外轮廓对应"材料侧"设置为"内部"。在"平面铣"对话框单击"指定底面"按钮 ，选择+Z 方向 φ34mm 圆柱凸台顶面平面作为底面，如图 8-103 所示。

图 8-103　指定部件边界和底面

3）在"平面铣"对话框单击"切削参数"按钮 ，进入"切削参数"对话框，"余量"选项卡切削参数设置如图 8-104 所示。

4）在"平面铣"对话框单击"非切削移动"按钮，进入"非切削移动"对话框，"进刀"选项卡参数设置如图 8-105 所示。

5）在"平面铣"对话框单击"生成"按钮，生成刀具路径，如图 8-106 所示。

图 8-104　切削参数

图 8-105　非切削移动

图 8-106　生成刀具路径

19. 精加工左、右半球装配体零件 φ34mm 凸台内外倒角 2

1）在"工序导航器"通过右键复制粘贴上一步工序创建的平面铣刀具路径，双击平面铣刀具路径，进入"平面铣"对话框。

2）单击"确定"按钮进入"平面铣"对话框，在"平面铣"对话框单击"指定部件边界"按钮，进入"编辑边界"对话框，通过"全部重选"，进入"创建边界"对话框，"刀具位置"设置为"相切"；分别选择顶面孔外轮廓作为边界，"材料侧"设置为"内部"。在"平面铣"对话框单击"指定底面"按钮，选择顶面圆柱凸台平面作为底面，如图 8-107 所示。

3）在"平面铣"对话框单击"生成"按钮，生成刀具路径，如图 8-108 所示。

20. 精加工左、右半球装配体零件 φ34mm 凸台内外倒角 3

1）在"工序导航器"选择最初创建的两个倒角加工程序，单击右键，选择"对象"→"变换"选项，如图 8-109 所示。

2）进入"变换"对话框，"类型"设置为"绕直线旋转"；"变换参数"项中"直线方法"设置为"点和矢量"，"角度"设置为"90"；"结果"设置为"复制"，"指定点"选择 +Y 方向 φ34mm 圆柱凸台中心，"指定矢量"设置为"-Y"方向，如图 8-110 所示。

3）在"变换"对话框单击"确定"按钮，生成刀具路径，如图 8-111 所示。

21. 精加工左、右半球装配体零件 φ34mm 凸台内外倒角 4

1）在"工序导航器"选择最初创建的两个倒角加工程序，单击右键，选择"对象"→"变换"选项，如图 8-112 所示。

2）进入"变换"对话框，"类型"设置为"绕直线旋转"；"变换参数"项中"直线方法"设置为"点和矢量"，"角度"设置为"-90"，"结果"设置为"复制"，"指定点"选择 +Y 方向 φ34mm 圆柱凸台中心，"指定矢量"设置为"-YC"方向，如图 8-113 所示。

8 PROJECT

图 8-107　指定部件边界和底面

图 8-108　生成刀具路径

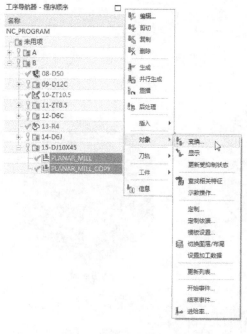

图 8-109　复制变换程序

图 8-110　变换

3）在"变换"对话框单击"确定"按钮，生成刀具路径，如图 8-114 所示。

22. 精加工左、右半球装配体零件 φ34mm 凸台内外倒角 5

1）在"工序导航器"选择最初创建的两个倒角加工程序，单击右键，选择"对象"→"变换"选项，如图 8-115 所示。

PROJECT

8

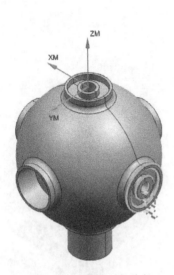

图 8-111 生成刀具路径

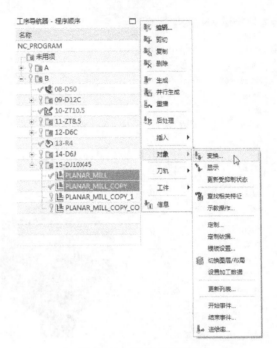

图 8-112 复制变换程序

a)

图 8-113 变换

b)

图 8-114 生成刀具路径

2）进入"变换"对话框，"类型"设置为"绕直线旋转"；"变换参数"项中"直线方法"设置为"点和矢量"，"角度"设置为"-90"，"结果"设置为"复制"，"指定点"选择+X 方向 ϕ34mm 圆柱凸台中心，"指定矢量"设置为"XC"方向，如图 8-116 所示。

3）在"变换"对话框单击"确定"按钮，生成刀具路径，如图 8-117 所示。

23. 精加工左、右半球装配体零件 ϕ34mm 凸台内外倒角 6

1）在"工序导航器"选择已创建的倒角加工程序，单击右键，选择"对象"→"变换"

图 8-115 复制变换程序

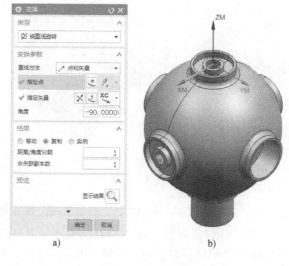

a)   b)

图 8-116 变换

选项，如图 8-118 所示。

图 8-117 生成刀具路径

图 8-118 复制变换程序

2）进入"变换"对话框，"类型"设置为"绕直线旋转"；"变换参数"项中"直线方法"设置为"点和矢量"，"角度"设置为"90"，"结果"设置为"复制"，"指定点"选择 +X 方向 ϕ34mm 圆柱凸台中心，"指定矢量"设置为"XC"方向，如图 8-119 所示。

3）在"变换"对话框单击"确定"按钮，生成刀具路径，如图 8-120 所示。

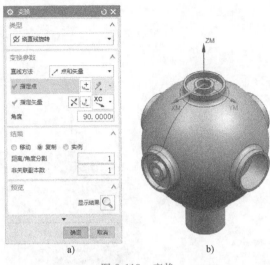

图 8-119 变换   图 8-120 生成刀具路径

三、左、右半球装配体零件加工 NC 程序的生成

在"工序导航器"中，选取已生成的刀具路径文件，单击右键选择"后处理"功能，在"后处理"对话框中选择合适的"后处理器"，单击"确定"按钮生成左、右半球装配体零件加工 NC 程序，如图 8-121 所示。

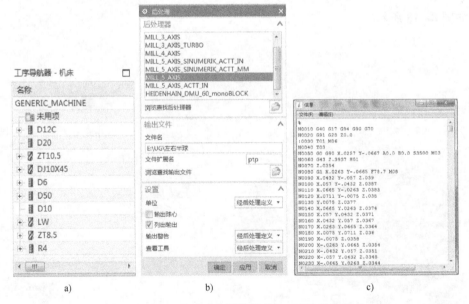

图 8-121 左、右半球装配体零件加工 NC 程序生成

四、VERICUT8.0 数控仿真

1. 构建仿真项目

1）双击软件 VERICUT8.0 快捷方式进入软件，如图 8-122 所示。

2）在"文件"工具栏单击"新项目"按钮，进入"新的 VERICUT 项目"对话框，选择"从一个模板开始"，单击浏览按钮 ，选择"example \ Chap08 \ Vericut8.0"目录下文件"DMG_DMU60_iTNC530.vcproject"（见素材资源包），如图

E8-8 数控仿真 1~6

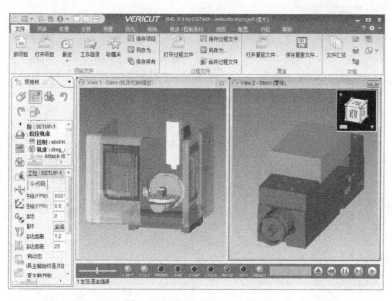

图 8-122　VERICUT8.0 界面

8-123 所示。

3）单击"确定"按钮，加载机床，如图 8-124 所示。

图 8-123　新建仿真项目

图 8-124　加载机床

2. 仿真模型（夹具、毛坯）加载和定位

1）在"项目树"选择"Fixture"节点，单击右键选择"添加模型"→"模型文件"，选择"example \ Chap08 \ Vericut8.0 \ vise.stl"（见素材资源包）。

2）在"项目树"选择"Stock"节点，单击右键选择"添加模型"→"方块"，在"配置模型"的"模型"选项卡中输入"长""宽""高"参数，如图 8-125 所示。

3）在"配置模型"选择"移动"选项卡，设置"位置"为"-65 -55 40"，单击键盘回车键确定，移动后毛坯如图 8-126 所示。

3. 加工坐标系的配置

1）在"项目树"选择"坐标系统"节点，在"配置坐标系统"单击按钮 添加新的坐标系 ，如图 8-127 所示。

2）在"配置坐标系统"选择"CSYS"选项卡，单击"位置"输入框，输入框变色（亮黄色），如图 8-128 所示。

3）在操作界面捕捉毛坯的端面中心，完成坐标系配置，如图 8-129 所示。

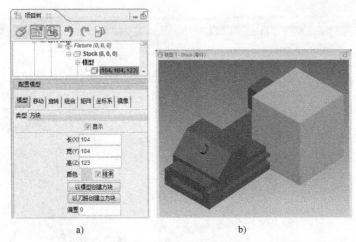

图 8-125 添加毛坯

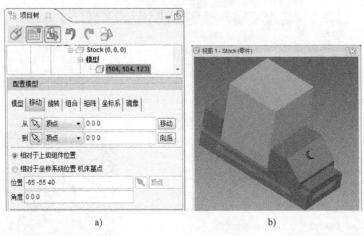

图 8-126 毛坯定位

4. 配置 G-代码偏置

1）在"项目树"选择"G-代码偏置"，"偏置名"设置为"工作偏置"，"寄存器"设置为"1"，单击"添加"按钮，如图 8-130 所示。

2）进入"配置工作偏置"对话框，"配置工作偏置"对话框中"到"设置为"坐标原点"，如图 8-131 所示。

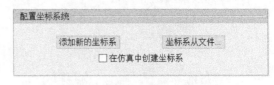

图 8-127 添加新的坐标系

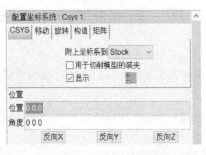

图 8-128 配置坐标系

图 8-129 捕捉中心

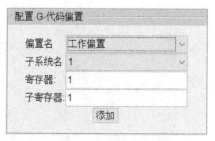

图 8-130 添加工作偏置

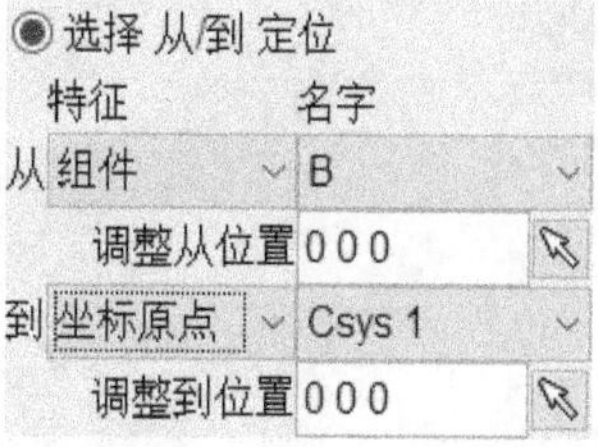

图 8-131 配置工作偏置

5. 刀具库的创建

1）双击"项目树"中的"加工刀具"节点，进入"刀具管理器"对话框，如图 8-132 所示。

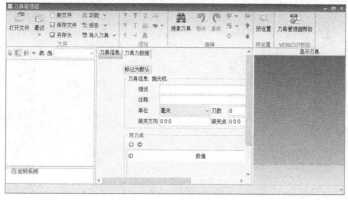

图 8-132 创建刀具

2）在"刀具管理器"对话框单击按钮 铣刀 ，创建铣刀 D50，参数设置如图 8-133 所示。

3）在"刀具管理器"对话框单击按钮 铣刀 ，创建铣刀 D12，参数设置如图 8-134 所示。

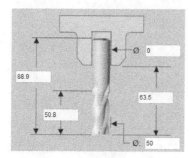

图 8-133 创建铣刀 D50

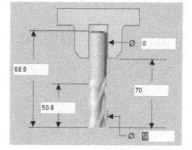

图 8-134 创建铣刀 D12

4）在"刀具管理器"对话框单击按钮 铣刀 ，创建铣刀 D6，参数设置如图 8-135 所示。

5）在"刀具管理器"对话框单击按钮 铣刀 ，创建球刀 D8R4，参数设置如图 8-136 所示。

6）在"刀具管理器"对话框单击按钮 孔加工刀具 ，创建螺纹刀 M21，参数设置如图 8-137所示。

8 PROJECT

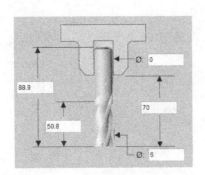

图 8-135　创建铣刀 D6

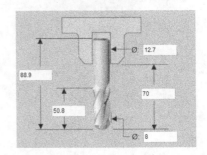

图 8-136　创建球刀 D8R4

7）在"刀具管理器"对话框单击按钮 ⬚ 孔加工刀具 ，创建钻头 ZT10.8，参数设置如图 8-138所示。

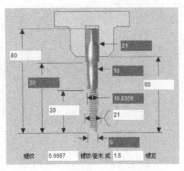

图 8-137　创建螺纹刀 M21

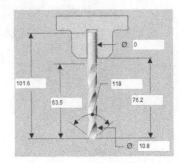

图 8-138　创建钻头 ZT10.8

8）在"刀具管理器"对话框单击按钮 ⬚ 孔加工刀具 ，创建钻头 ZT6.5，参数设置如图 8-139所示。

9）在"刀具管理器"对话框单击按钮 ⬚ 孔加工刀具 ，创建倒角刀 DJ10×45，参数设置如图 8-140 所示。

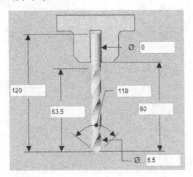

图 8-139　创建钻头 ZT6.5

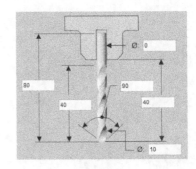

图 8-140　创建倒角刀 DJ10×45

10）在"刀具管理器"对话框单击按钮 ⬚ 保存文件 ，保存创建的刀具。

6. 仿真校验所生成的 NC 程序

1）在"项目树"选择"数控程序"节点，进入"配置数控程序"对话框，单击按钮 添加数控程序文件 ，如图 8-141 所示。

2）选择"example＼Chap08＼Vericut8.0"目录下文件"装配体-A.h"（见素材资源包），

完成后项目树如图 8-142 所示。

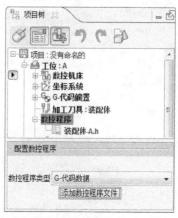

图 8-141　添加数控程序文件

图 8-142　配置完成的项目树

3）单击主界面右下方重置模型按钮 📤。

4）单击主界面右下方仿真到末端按钮 ▶，完成第一工位仿真，结果如图 8-143 所示。

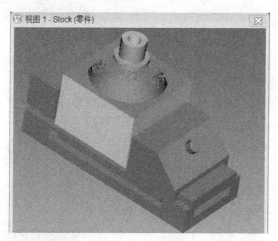

图 8-143　装配体第一工位加工仿真结果

7. 添加第二工位

1）在"项目树"选择"项目：装配体"节点，进入"配置项目"对话框，单击"增加新工位"，如图 8-144 所示。

2）删除第二工位项目树下"Stock"和"Fixture"组件下原来的毛坯和夹具模型。

3）删除第二工位项目树下原来的数控程序。

8. 添加第二工位夹具

1）在第二工位"项目树"选择"Fixture"节点，单击右键选择"添加模型"→"模型文件"，选择"example \ Chap08 \ Vericut8. 0 \ fixture-b_asm. ply"（见素材资源包）。单击主界面右下方单步按钮 ▶|，将第一工位的加工结果传递至第二工位作为毛坯

2）在第二工位"项目树"选择"Stock"节点，在项目树下方"配置组件"对话框选择"移动"选项卡，单击按钮 保留毛坯的转变 ，参数设置如图 8-145 所示。

3）在第二工位"项目树"选择"Csys1"节点，在项目树下方"配置坐标系统"对话框

E8-9　数控仿真 7~11

8

PROJECT

251

图 8-144　增加第二工位

图 8-145　保留毛坯的转变

单击"位置"输入框，使输入框变色（亮黄色），选择毛坯上端面圆心，如图 8-146 所示。

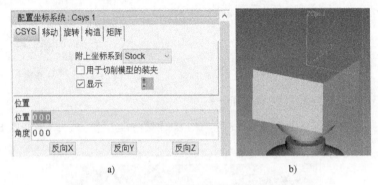

　　　　　a)　　　　　　　　　　　　b)

图 8-146　配置坐标系统

9. 仿真校验所生成的 NC 程序 2

1）在"项目树"选择"数控程序"节点，进入"配置数控程序"对话框，单击按钮 添加数控程序文件 ，如图 8-147 所示。

2）选择"example \ Chap08 \ Vericut8.0"目录下文件"装配体-B.h 文件"（见素材资源包）。

10. 运行 NC 程序 2

单击主界面右下方仿真到末端按钮 ▶，运行第二工位仿真，仿真结果如图 8-148 所示。

图 8-147　添加数控程序文件

图 8-148　装配体第二工位加工仿真结果

11. 文件汇总

在"文件"工具栏单击按钮 文件汇总，进入"文件汇总"对话框，单击拷贝按钮 📋，选择目标存放路径保存文件。

项目考核 （表 8-2）

表 8-2　左、右半球装配体零件加工项目考核卡

考核项目	考核内容	评价(0~10分)				考核者
		差	一般	好	很好	
		0~3 分	4~6 分	7~8 分	9~10 分	
职业素养	态度积极主动,能自主学习及相互协作,尊重他人,注重沟通					
	遵守学习场所管理纪律,能服从教师安排					
	学习过程全勤,配合教学活动					
技能目标	能学完项目的基础理论知识					
	能通过获取有效资源解决学习中的难点					
	能运用项目的基础理论知识进行手工或软件编程					
	能运用项目的基础理论知识编制加工工艺或编制工作步骤					
	能编制项目零件的生产加工刀具路径					
	能通过软件仿真测试出编制程序的合理性,并完善					
	能分析项目零件编程技术的难点,并总结改进					
合计						

练习题

在素材资源包中打开 "example \ Chap08 \ NX10.0" 目录下的 "铣刀盘.prt" 文件,如图 8-149 所示,以本项目案例为参考,完成铣刀盘零件加工程序编制的练习。

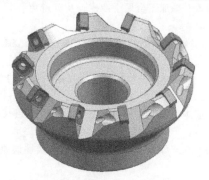

图 8-149　铣刀盘模型

参 考 文 献

[1] 李朝光, 谢龙汉. UG NX5 多轴加工及应用实例（中文版）[M]. 北京: 清华大学出版社, 2007.

[2] 苟琪. MasterCAM 五轴加工方法 [M]. 北京: 机械工业出版社, 2005.

[3] 程豪华. 数控技术专业人才培养方案 [M]. 北京: 机械工业出版社, 2013.

[4] 程豪华. 零件数控车削加工 [M]. 北京: 机械工业出版社, 2013.

[5] 杨长祺. 复杂曲面多轴加工的高精度、高效率数控编程系统研究 [D]. 重庆: 重庆大学, 2004.

[6] 魏兆成, 王敏杰, 王学文, 等. 球头铣刀曲面多轴加工的刀具接触区半解析建模 [J]. 机械工程学报, 2017, 53 (1): 198-205.

[7] 王俊英, 李斌, 张丹. 汽轮机叶片多轴加工工艺与检测技术的研究 [J]. 机床与液压, 2017, 45 (14): 64-66.

[8] 宋明伟, 董建荣, 魏志强. 透平膨胀机叶轮多轴加工方法研究 [J]. 机械设计与制造, 2015 (5): 207-209.

[9] 王晶, 张定华, 罗明, 等. 复杂曲面零件五轴加工刀轴整体优化方法 [J]. 航空学报, 2013, 34 (6): 1452-1462.

[10] 黄军军, 庞明仁, 孙克安, 等. 五轴加工中心精度在机检测与校验 [J]. 机械设计与制造, 2013 (7): 161-163.

[11] 程豪华. 论数控加工一体化课堂教学的有效实施 [J]. 职业, 2013 (30): 124-125.

[12] 闫蓉, 陈威, 彭芳瑜, 等. 多轴加工系统闭链刚度场建模与刚度性能分析 [J]. 机械工程学报, 2012, 48 (1): 177-184.

[13] 仇振安, 刘东晓, 张成立, 等. Heidenhain iTNC530 控制系统机床五轴加工的后置处理及仿真验证 [J]. 电光与控制, 2012, 19 (9): 90-93.

[14] 王峰, 林浒, 刘峰, 等. 五轴加工奇异区域内的刀具路径优化 [J]. 机械工程学报, 2011, 47 (19): 174-180.

[15] 李万军, 赵东标, 牛敏, 等. 五轴加工全局干涉检查及其避免 [J]. 计算机集成制造系统, 2011, 17 (5): 1011-1016.

[16] 陈威, 彭芳瑜, 闫蓉, 等. 多轴加工非线性误差精确建模与姿态补偿 [J]. 中国机械工程, 2010 (23): 2843-2847.

[17] 章泳健, 潘毅, 陆建刚, 等. 基于 NX 的汽轮机叶片多轴加工中的关键技术研究 [J]. 制造技术与机床, 2010 (1): 25-28.

[18] 陈德存. 基于 UG NX6.0 的整体叶轮的多轴加工技术 [J]. 成组技术与生产现代化, 2010, 27 (1): 54-57.

[19] 郑飂默, 林浒, 张晓辉, 等. 基于实时插补的五轴加工非线性误差控制 [J]. 小型微型计算机系统, 2010, 31 (7): 1389-1392.

[20] 章泳健, 潘毅, 陆建刚, 等. 面向多轴加工的汽轮机叶片型面建模技术研究 [J]. 汽轮机技术, 2009, 51 (5): 398-400.

[21] 罗明, 吴宝海, 李山, 等. 自由曲面五轴加工刀轴矢量的运动学优化方法 [J]. 机械工程学报, 2009, 45 (9): 158-163.

[22] 姚哲, 冯景春, 王宇晗. 面向五轴加工的双 NURBS 曲线插补算法 [J]. 上海交通大学学报, 2008, 42 (2): 235-238.

[23] 彭芳瑜, 苏永春, 邹孝明, 等. 大型螺旋桨五轴加工中基于方向包围盒层次树的全局干涉碰撞检测 [J]. 中国机械工程, 2007, 18 (3): 304-307.

[24] 严思杰, 周云飞, 赖喜德, 等. 多轴加工刀轨最优行距计算方法研究 [J]. 航空精密制造技术, 2006, 42 (5): 35-38.

[25] 张颖. UG 多轴加工舱体的刀具轨迹设计 [J]. 智能制造, 2006 (10): 92-95.

[26] 谭汝谋. 加强多轴加工机床的研究与发展 [J]. 世界制造技术与装备市场, 2004 (3): 27-31.

［27］　郝猛，肖田元，韩向利. 五轴加工中刀具扫描体的构造和显示［J］. 机械科学与技术，2003，22（4）：535-537.

［28］　杨庆东，王科社，段大高，等. 应用虚拟制造技术开发五轴加工中心［J］. 北京信息科技大学学报（自然科学版），2001，16（1）：22-26.

［29］　任福君，刘晋春，赵万生，等. 复杂曲面电火花线切割多轴加工计算机仿真研究［J］. 机械工程学报，2000，36（7）：78-80.

［30］　张定华，杨彭基. 雕塑曲面多轴加工的干涉处理［J］. 西北工业大学学报，1993（2）：157-162.

［31］　周政，李志明. 整体叶轮数控多轴加工［J］. 航空精密制造技术，1992（5）：22-23.

REFERENCES